变压器与电机

主　编　张树周　张小平　何　琦

副主编　王国玉　杜厚双

主　审　易法刚

电子工业出版社.

Publishing House of Electronics Industry

北京·BEIJING

内 容 简 介

本书共分 7 个项目，分别介绍了单相变压器、三相变压器、特殊变压器、交流电动机、直流电动机、三相交流异步电动机控制线路、特种电动机与发电机。本书以工厂实际的动力设备和控制技术的实际应用要求为出发点，采用"项目式教学"的编写理念，突出"做中学，学中做"，强调从实践中学习理论知识，再用理论知识指导实际工作。本书内容通俗易懂，图文并茂，起点低，具有很强的实用性。项目内容由浅入深，涵盖变压器与电机的基本知识与安装检修技能，同时将变压器与电机相关安全规程融入其中。

本书可作为职业院校机电、电气等相关专业教学用书，也可作为变压器与电机应用技术培训和实际操作的参考书。

图书在版编目（CIP）数据

变压器与电机 / 张树周，张小平，何琦主编. —北京：电子工业出版社，2020.11
ISBN 978-7-121-39885-8

Ⅰ. ①变… Ⅱ. ①张… ②张… ③何… Ⅲ. ①变压器－职业教育－教材 Ⅳ. ①TM4

中国版本图书馆 CIP 数据核字（2020）第 218310 号

责任编辑：白　楠　　特约编辑：王　纲
印　　刷：北京七彩京通数码快印有限公司
装　　订：北京七彩京通数码快印有限公司
出版发行：电子工业出版社
　　　　　北京市海淀区万寿路 173 信箱　邮编：100036
开　　本：787×1 092　1/16　印张：12.5　字数：320 千字
版　　次：2020 年 11 月第 1 版
印　　次：2023 年 7 月第 2 次印刷
定　　价：35.00 元

凡所购买电子工业出版社图书有缺损问题，请向购买书店调换。若书店售缺，请与本社发行部联系，联系及邮购电话：（010）88254888，88258888。

质量投诉请发邮件至 zlts@phei.com.cn，盗版侵权举报请发邮件至 dbqq@phei.com.cn。

本书咨询联系方式：（010）88254591，bain@phei.com.cn。

前　言

　　"变压器与电机"是职业教育电气技术相关专业的核心课程，其重要性不言而喻。在当今职业教育发展的新形势下，根据各个行业、各个工种对岗位群的要求和实际教学的需要，我们以全新的视角和手法编撰了本书。有别于其他教材，本书充分体现了"以学生为本位、以职业技能为本位"和加强动手能力培养的理念。本书是根据职业院校学生的实际情况，遵循职教原则及职校学生的认知和技能形成规律，结合行业职业技能鉴定规范和企业生产岗位需求，精心组织编写而成的。

　　本书具有以下几个特点：

　　1. 以变压器与电机在实际工作中的应用为出发点，采用"项目式教学"的编写理念，突出"做中学，学中做"，同时强调从实践中学习理论知识，再用理论知识指导实际工作。

　　2. 以项目为载体进行编写，有利于教师组织开展项目教学。项目内容科学、实用、贴近生产实际，有利于激发学生的学习积极性，提高教学效果。

　　3. 在理论体系、教材内容及阐述方法等方面都做了大胆的尝试，以强调项目基本技能+项目基本知识+项目综合训练为基调，通过基本技能的训练，培养学生学习变压器与电机知识的兴趣，充分体现理论和实践的结合。

　　4. 强调学生做中学、教师做中教，教学合一，理论和实践一体化。使学生能够"无障碍读书"和"学以致用"，将学习"变压器与电机"的兴趣转化为学习电工技术的动力，使学生树立起学习的信心。

　　5. 在教与学的过程中潜移默化地培养学生的爱岗敬业精神、沟通合作能力，以及质量意识、安全意识、环保意识。

　　本书由河南省学术技术带头人（中职）河南信息工程学校高级工程师、副教授王国玉与武汉市东西湖职业技术学校电气系何琦共同完成了策划和编写大纲的制定工作，同时完成全书统稿工作。由河南省学术技术带头人（中职）、河南省名师工作室主持人鹤壁技师学院张树周主持编写工作。鹤壁技师学院张树周、江西南昌职业大学张小平、武汉市东西湖职业技术学校何琦担任主编，河南省信息工程学校王国玉、武汉市东西湖职业技术学校杜厚双担任副主编。鹤壁技师学院马红霞编写项目一；鹤壁技师学院华志伟编写项目二；鹤壁技师学院琚金平编写项目三；河南省新安县职业高级中学李晓君编写项目四；鹤壁技师学院张树周编写项目五；武汉市东西湖职业技术学校何琦编写项目六；南昌职业大学张小平编写项目七。教材中的配图得到了闫日平老师的帮助，在此特表示衷心的感谢。全书由武汉市东西湖职业技术学校电气系主任易法刚主审，并且提出了宝贵建议，在此特表示衷心的感谢。

　　本书具体内容和建议教学学时数见下表。由于各学校及各专业的情况不一样，办学条件不同，任课教师可根据具体情况进行适当调整。

序 号	内 容	学 时 数
项目一	单相变压器	10
项目二	三相变压器	12
项目三	特殊变压器	6
项目四	交流电动机	14
项目五	三相交流异步电动机的控制	16
项目六	直流电动机	14
项目七	特种电动机与发电机的认知	6
总学时数		78

在编写本书过程中参考了国内一些专家、学者的研究成果和一些企业的产品资料，在此对相关作者表示感谢。

由于编者水平有限，加上时间仓促，书中难免存在疏漏、错误和不妥之处，敬请读者提出宝贵意见和建议。

编 者

目　　录

单相变压器

任务一　单相变压器的构造及原理

知识目标

（1）掌握单相变压器的基本原理。

（2）熟悉变压器的分类。

（3）掌握变压器的结构。

技能目标

（1）会使用仪器仪表对变压器绕组进行检测。

（2）会分析、判断变压器的同名端。

变压器是一种静止的电气设备，它利用电磁感应原理，把某一数值的交变电压频率不变地转变成另一数值的交变电压。在电力系统中，变压器是实现电能的经济传输、灵活分配和合理使用的关键设备，在电工测量、电气控制、测试技术及焊接技术等方面应用广泛。

变压器按相数分为单相变压器和三相变压器。单相变压器常用于单相交流电路中的隔离、电压等级的变换、阻抗变换、相位变换等。

基本知识

一、变压器的类型

变压器根据不同的使用目的和工作条件分为多种类型。

1. 按用途分类

1）电力变压器

电力变压器用于在电能的输送与分配过程中进行变压。按功能不同，电力变压器又可分为升压变压器、降压变压器、配电变压器等。电力变压器外形如图1-1（a）所示。

2）特种变压器

特种变压器用于特殊场合，如将交流电整流成直流电的整流变压器、作为焊接电源的电焊变压器、供电子装置使用的阻抗匹配变压器等。整流变压器如图1-1（b）所示。

3）仪用互感器

仪用互感器用于电工测量，如电流互感器［图1-1（c）］、电压互感器［图1-1（d）］等。

（a）电力变压器　　　　（b）整流变压器　　　　（c）电流互感器　　　　（d）电压互感器

图1-1　常用变压器外形图

4）控制变压器

控制变压器用于小功率电源系统和自动控制系统，如电源变压器、输入变压器、输出变压器等。

5）其他变压器

其他变压器有试验用的高压变压器和输出电压可调的调压器等。

2. 按绕组结构分类

按绕组结构分类有双绕组变压器、三绕组变压器、多绕组变压器和自耦变压器等。

3. 按铁芯结构分类

根据铁芯的结构形式可分为芯式变压器和壳式变压器。芯式变压器是在两侧的铁芯柱上放置绕组，形成绕组包围铁芯的形式，如图1-2所示。壳式变压器是在中间的铁芯柱上放置绕组，形成铁芯包围绕组的形式，如图1-3所示。

图1-2　常用芯式变压器外形图　　　　图1-3　常用壳式变压器外形图

4. 按相数分类

按相数分类有单相变压器、三相变压器、多相变压器（如整流用的六相变压器）等。

5. 按调压方式分类

按调压方式分类有无励磁调压变压器、有载调压变压器。

6. 按冷却方式分类

按冷却方式分类有干式变压器、油浸自冷变压器、油浸风冷变压器、强迫油循环冷却变压器、强迫油循环导向冷却变压器、充气式变压器等。

7. 按容量分类

（1）小型变压器，容量为630kV·A及以下。
（2）中型变压器，容量为800~6300kV·A。
（3）大型变压器，容量为8000~63000kV·A。
（4）特大型变压器，容量为90000kV·A及以上。

二、变压器的基本结构

变压器包括相互绝缘的薄硅钢片叠成的闭合铁芯和绕在铁芯上的高、低压绕组两大部分。其中绕组是电路部分，铁芯是磁路部分。

1. 变压器铁芯

变压器铁芯构成变压器磁路系统，并作为变压器的机械骨架。铁芯由铁芯柱和铁轭两部分组成，在铁芯柱上套装变压器绕组，铁轭起连接铁芯柱使磁路闭合的作用。铁芯要满足导磁性能好，磁滞损耗及涡流损耗尽量小等要求，通常采用0.35mm厚的硅钢片。

2. 绕组

绕组是变压器中的电路部分，小型变压器一般用具有绝缘性能的漆包圆铜线绕制，容量稍大的变压器一般用扁铜线或扁铝线绕制。

接到高压电网的绕组一般称为高压绕组，接到低压电网的绕组一般称为低压绕组。按高压绕组和低压绕组的相互位置和形状不同，绕组又可分为同心式和交叠式两种。

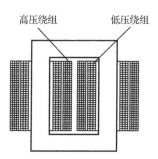

图1-4 同心式绕组结构

1）同心式绕组

同心式绕组是将高、低压绕组同心地套装在铁芯柱上。为了与铁芯绝缘，一般把低压绕组套装在里面，高压绕组套装在外面，如图1-4所示。

同心式绕组按其绕制方法的不同，又可分为圆筒式、螺旋式和连续式等。同心式绕组结构简单、制造容易，常用于芯式变压器，如图1-5所示。

2）交叠式绕组

交叠式绕组又称饼式绕组，它是将高压绕组及低压绕组分成若干个线饼，沿着铁芯柱的高度交替排列。为了绝缘，一般最上层和最下层安放低压绕组，如图1-6所示。交叠式绕组漏抗小、机械强度高、引线方便，主要用于低电压、大电流的变压器。

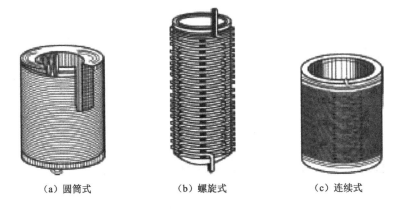

（a）圆筒式　　　　　　（b）螺旋式　　　　　　（c）连续式

图 1-5　常用同心式绕组

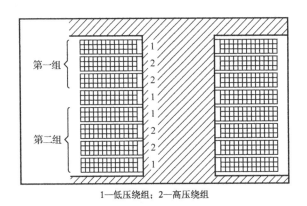

第一组

第二组

1—低压绕组；2—高压绕组

图 1-6　交叠式绕组结构

三、单相变压器的工作原理

　　单相变压器的工作原理如图 1-7 所示。单相变压器由一个闭合的铁芯和套在其上的两个绕组构成。这两个绕组彼此绝缘，同心套在一个铁芯柱上。与电源连接的绕组称为原绕组，也称一次绕组或原边；与负载连接的绕组称为副绕组，也称二次绕组或副边。

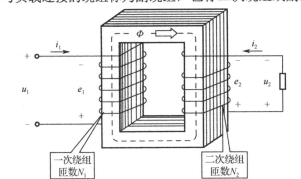

一次绕组
匝数 N_1

二次绕组
匝数 N_2

图 1-7　单相变压器的工作原理

　　将原绕组的两个接线端与单相交流电源连接，则原绕组中就会有交流电流，该电流在铁芯中生成与单相交流电源频率相同的交变磁通，此交变磁通同时通过原、副绕组。根据电磁感应原理，原、副绕组中将会分别感应出交变的电动势。将副绕组的两个出线端与负载连接，则负载中就会有交流电流。u_1、i_1、e_1分别表示原绕组的电压、电流、感应电动势，u_2、i_2、e_2分别表示副绕组的电压、电流、感应电动势。

　　一次绕组加上交流电压u_1后，绕组中便有电流i_1通过，在铁芯中产生与u_1同频率的交变磁通Φ，依据电磁感应定律有

$$e_1 = -N_1 \frac{\Delta \Phi}{\Delta t}$$

$$e_2 = -N_2 \frac{\Delta \Phi}{\Delta t}$$

上式中，"－"表示感应电动势总是阻碍磁通的变化。由此可知，一、二次绕组感应电动势的大小与绕组匝数成正比，故只要改变一、二次绕组的匝数，就可以达到改变电压的目的。

基本技能

一、单相变压器绕组极性

1. 直流电源的极性

　　直流电路中，电源有正、负两极，通常在电源出线端上标以"+"和"－"。"+"为正极性，表示高电位端；"－"为负极性，表示低电位端，如图 1-8 所示，当电源与负载形成闭合回路时，回路中电流将由高电位的"+"极流出，经负载流回"－"极。由于直流电源两端电压的大小和方向都不随时间变化，A 端极性恒定为正，B 端极性恒定为负，即直流电源两端的极性恒定不变。

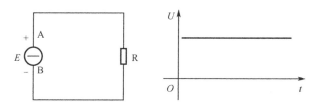

图 1-8　直流电源的极性

2. 交流电源的极性

　　正弦交流电源的出线端不标出正负极性。如图 1-9 所示，正弦交流电源输出电压的大小和方向都随时间变化，每经过半个周期（$T/2$）正负交替变化一次。

　　正弦交流电源两端不存在恒定极性，只存在瞬时极性。例如，某一瞬间 A 端为高电位，B 端相对 A 端则为低电位；反之，当 A 端为低电位时，B 端则为高电位。

　　回路中电流由高电位端流出，低电位端流入，由此可见，正弦交流电源两端只存在瞬时极性。而电位的高与低是相对的，极性也是相对的、可变的、暂时的，随时间而变化。

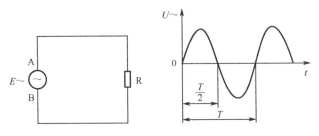

图 1-9　交流电源的极性

3. 单相变压器的极性

单相变压器绕组的极性是指单相变压器一次、二次绕组在同一磁通作用下所产生的感应电动势之间的相位关系，通常用同名端来标记。

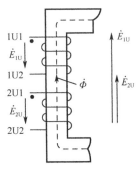

图 1-10　绕组的极性

在图 1-10 中，铁芯上绕制的所有线圈都被铁芯中交变的主磁通穿过，在任意瞬间，当变压器一个绕组的某一出线端为高电位时，则在另一个绕组中也有一个相对应的出线端为高电位，那么这两个高电位的线端称为同极性端，而另外两个相对应的低电位端也称同极性端。电动势都处于相同极性（如正极性）的线圈端称为同名端；而另一端称为另一组同名端，它们也处于同极性（如负极性）。不是同极性的两端称为异名端。

对一个绕组而言，正极性是人为规定的，定下来后，其他线圈的正负极性就可以确定了。绕组极性有时也称线圈的首与尾，只要一个线圈的首尾确定了，那些与它有磁路贯通的线圈的首尾也就确定了。同名端的标记可用 "*" 或 "•" 来表示，在互感器绕组上常用 "+" 和 "–" 来表示（并不表示真正的正负意义）。

二、单相变压器同名端的测定

1. 观察法

观察变压器一次、二次绕组的实际绕向，应用楞次定律、安培定则来进行判别。例如，变压器一次、二次绕组的实际绕向如图 1-11 所示，因为绕组的极性是由它的绕制方向决定的，所以可以用直观法判别它的极性。

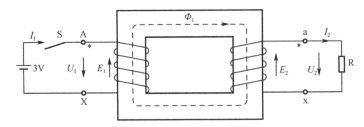

图 1-11　通过绕组实际绕向判定变压器同名端

2. 直流法

在无法辨清绕组方向时，可以用直流法来判别变压器同名端。用 1.5V 或 3V 的直流电源，按图 1-12 所示连接，直流电源接入高压绕组，直流毫伏表接入低压绕组。当合上开关一瞬间，一次绕组电流 I_1 产生主磁通 Φ_1，在一次绕组上产生自感电动势 E_1，在二次绕组上产生互感电动势 E_2 和感应电流 I_2，用楞次定律可以确定毫伏表指针向正方向摆动，则接直流电源正极的端子与接直流毫伏表正极的端子是同名端。可以确定 E_1、E_2 和 I_1 的实际方向，同时可以确定 U_1、U_2 的实际方向。这样可以判别出一次绕组 A 端与二次绕组 a 端电位都为正，即 A、a 是同名端；一次绕组 X 端与二次绕组 x 端电位为负，即 X、x 是同名端。

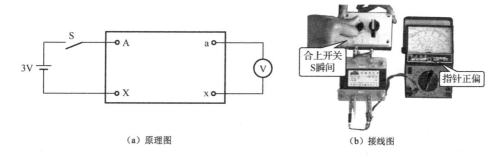

（a）原理图   （b）接线图

图 1-12 直流法判别变压器同名端

3. 交流法

将高压绕组一端用导线与低压绕组一端相连接，同时将高压绕组及低压绕组的另一端接交流电压表，如图 1-13 所示。在高压绕组两端接入低压交流电源，测量 U_1 和 U_2 的值，若 $U_1 > U_2$，则 A、a 为异名端；若 $U_1 < U_2$，则 A、a 为同名端。

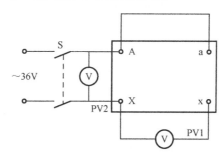

图 1-13 交流法判别变压器同名端

 **任务评价**

一、思考与练习

（一）填空题

1. 变压器是一种_____的电气设备，它的基本原理是_____电磁感应原理。

2．变压器按铁芯结构分类，可分为_____、_____。

3．单相变压器按用途分类，可分为_____、_____、_____、_____、_____。

4．变压器按绕组分类，可分为_____、_____、_____、_____。

5．变压器的铁芯由_____和_____两部分组成，_____上套装着变压器绕组。

6．按高压绕组和低压绕组相互位置和形状的不同，变压器的绕组可分为_____和_____两种。

7．采用交叠式绕组的变压器主要用在_____、_____的变压器上。

8．一次绕组为660匝的单相变压器，当一次侧电压为220V时，要求二次侧电压为127V，则该变压器的二次绕组应为_____匝。

9．变压器空载运行时，由于_____损耗较小，_____损耗近似为零，所以变压器的空载损耗近似等于_____损耗。

10．变压器不但可以用来变换交流电压，还能变换_____、_____和_____、_____，但不能变换_____和_____。

11．变压器绕组的极性是指变压器一次绕组、二次绕组在同一磁路作用下所产生的感应电动势之间的相位关系，通常用_____来标记。

12．所谓同名端，是指_____，一般用_____来表示。

13．绕组正向串联，也称_____，即把两个线圈的_____相接，总的电动势为两个电动势_____，电动势会_____。

14．变压器同名端的判别方法有_____、_____和_____。

（二）判断题

1．电路中需要的各种直流电可以通过变压器来获得。　　　　　　　　　（　　）

2．变压器的基本原理是电流的磁效应。　　　　　　　　　　　　　　　（　　）

3．控制变压器一般用于小功率电源系统和自动控制系统。　　　　　　　（　　）

4．单相芯式变压器，低压绕组必须置于里层，因为要增加高压绕组与铁芯之间的安全距离。　　　　　　　　　　　　　　　　　　　　　　　　　　　　　（　　）

5．交叠式绕组的优点是漏抗小、机械强度高、引线方便。　　　　　　　（　　）

6．变压器中匝数较多、线径较小的绕组一定是高压绕组。　　　　　　　（　　）

7．变压器既可以变换电压、电流和阻抗，又可以变换相位、频率和功率。（　　）

8．当变压器的二次侧电流增加时，由于二次绕组的去磁作用，变压器铁芯中的主磁通将要减小。　　　　　　　　　　　　　　　　　　　　　　　　　　　　　（　　）

9．当变压器的二次侧电流变化时，一次侧电流也变化。　　　　　　　　（　　）

10．所谓同名端是指变压器绕组极性相同的端点。　　　　　　　　　　（　　）

11．没有被同一个交变磁通所贯穿的线圈，它们之间就不存在同名端的问题。（　　）

12．变压器的两个绕组只允许同极性并联，绝不允许反极性并联。　　　（　　）

（三）简答题

1．变压器能改变直流电压吗？如果接上直流电压会发生生么现象？为什么？

2．变压器的铁芯为什么要用硅钢片组成？

3．变压器中感应电动势的大小与哪些因素有关？如何计算？

4．什么是主磁通？什么是漏磁通？

5. 什么是绕组的同名端？什么样的绕组之间才有同名端？

6. 变压器绕组之间进行连接时，极性判别是至关重要的，一旦极性接反，会产生什么后果？

7. 测定变压器绕组的极性时，一般采用什么方法？简述用直流法和交流法判定变压器绕组同名端的原理和方法。

二、任务评价

1. 任务评价标准（表1-1）

表1-1 任务评价标准

任务检测		分值	评分标准	学生自评	教师评估	任务总评
任务知识和技能内容	单相变压器的基本原理	20	（1）一次绕组和二次绕组的区别（5分） （2）单相与三相的区别（5分） （3）掌握单相变压器基本工作原理（10分）			
	单相变压器的基本结构	10	（1）认识铁芯和绕组（5分） （2）了解同心式绕组和交叠式绕组（5分）			
	单相变压器的类型	10	（1）熟悉单相变压器的分类方式（5分） （2）熟悉常见的单相变压器（5分）			
	单相变压器的绕组极性	30	（1）掌握观察法（10分） （2）掌握直流法（10分） （3）掌握交流法（10分）			
	单相变压器的同名端测定	30	（1）使用直流法测定同名端（10分） （2）使用交流法测定同名端（10分） （3）电路的连接与工具、仪表的使用（10分）			

2. 技能训练与测试

（1）常用单相变压器的认知。

（2）单相变压器空载和负载运行。

（3）单相变压器绕组同名端测定。

技能训练评估表见表1-2。

表1-2 技能训练评估表

项 目	完成质量与成绩
认知	
空载和负载运行	
同名端测定	

三、任务小结

（1）变压器是一种静止的电气设备，它利用电磁感应原理，把某一数值的交变电压频率不变地转变成另一数值的交变电压。

（2）变压器种类很多，通常可按其用途、绕组结构、铁芯结构、相数、冷却方式等进行分类，按相数分为三相变压器和单相变压器。

（3）变压器以原、副绕组同时经过铁芯中同一变化磁通的特有结构，利用电磁感应原理，将原绕组吸收电源的电能传送给副绕组所连接的负载，实现能量的传送，使匝数不同的原、副绕组中感应出大小不等的电动势，实现电压等级变换，这就是变压器的基本工作原理。

（4）单相变压器包括一个由彼此绝缘的薄硅钢片叠加的闭合铁芯以及绕在铁芯上的高、低压绕组两大部分。其中绕组是电路部分，铁芯是磁路部分。

（5）所谓变压器空载运行就是变压器一次绕组上有额定电压、二次绕组开路的工作状态。

（6）当变压器二次绕组所消耗的电功率增加或减少时，一次绕组从电源取得的电功率也随之增加或减少。这表明，变压器在传输电能时具有一种自动调节的作用。

（7）变压器绕组的极性是指变压器一次、二次绕组在同一磁通作用下所产生的感应电动势之间的相位关系，通常用同名端来标记。

（8）单相变压器绕组同名端的测定方法有观察法、直流法和交流法。

（9）绕组的连接分为绕组串联和绕组并联。

任务二　单相变压器铭牌及主要参数

知识目标

（1）熟悉单相变压器铭牌的含义。

（2）熟悉单相变压器空载与短路实验原理。

（3）掌握单相变压器的运行特性。

技能目标

（1）能对典型的单相变压器进行拆装和维护。

（2）能绕制和检测绕组的线圈。

基本知识

一、变压器的铭牌

为了使变压器安全、经济运行，并保证一定使用寿命，制造厂按标准规定了变压器的额定数据。铭牌上标注的主要技术数据有型号、额定容量、额定电压、额定电流、额定频率等。

1. 型号

型号主要表示变压器的结构特点、额定容量和高压侧的电压等级。

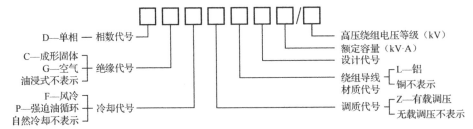

例如,DL10—1000/10 为单相铝绕组油浸式变压器,设计序号为10,额定容量为1000kV·A,高压绕组电压等级为 10kV。

2. 额定电压（U_{1N}/U_{2N}）

一次绕组的额定电压 U_{1N} 是指变压器额定运行时,一次绕组所加的电压。二次绕组额定电压 U_{2N} 为变压器空载运行情况下,当一次绕组加上额定电压时,二次绕组的空载电压值。变压器额定电压的确定取决于绝缘材料的介电常数和允许温升,单位为 V 或 kV。

3. 额定电流（I_{1N}/I_{2N}）

额定电流是变压器绕组允许长期连续通过的工作电流,是指在某个环境温度、某种冷却条件下允许的满载电流值,单位为 A。当环境温度、冷却条件改变时,额定电流也应变化。如干式变压器加风扇散热后,电流可提高 50%。

4. 额定容量（S_N）

变压器的额定容量是指变压器的视在功率,表示变压器在额定条件下的最大输出功率。其大小是由变压器的额定电压 U_{2N} 与额定电流 I_{2N} 所决定的,当然也受到环境温度、冷却条件的影响。容量单位是 V·A 或 kV·A。

单相变压器额定容量:

$$S_N = U_{2N}I_{2N}$$

5. 额定频率（f_N）

我国规定额定频率为50Hz。有些国家规定额定频率为60Hz。

6. 温升（T）

温升是变压器在额定工作条件下,内部绕组允许的最高温度与环境温度之差,它取决于所用的绝缘材料等级。如油浸变压器中的绝缘材料都是 A 级绝缘材料,国家规定线圈温升为 65℃,考虑最高环境温度为 40℃,则 65℃+40℃=105℃,这就是变压器绕组的极限工作温度。

7. 阻抗电压（U_K）

阻抗电压也称短路电压,与输出电压的稳定性有关,也与承受短路电流的能力有关。

此外,铭牌上还有变压器的相数、联结组、接线图、短路电压百分值、变压器的运行及冷却方式等。考虑到运输和吊装,还标有变压器的总质量、油重和器身的吊运质量等。

二、单相变压器的运行特性

1. 变压器的外特性及电压调整率

1）变压器的外特性

变压器的外特性用来描述二次绕组输出电压 U_2 随负载电流 I_2 变化的情况。当一次绕组电压 U_1 和负载的功率因数 $\cos\varphi_2$ 一定时,二次绕组电压 U_2 与负载电流 I_2 的关系称为变压器的外特性。

变压器的外特性通常用曲线表示，如图 1-14 所示。在图中，纵坐标用 U_2/U_{2N} 表示，而横坐标用 I_2/I_{2N} 表示。坐标轴上的数值都在 0 和 1 之间，或稍大于 1，这样做是为了便于不同容量和不同电压的变压器互相比较。可以看出，当 $\cos\varphi_2=1$ 时，U_2 随 I_2 的增加而下降得并不多；当 $\cos\varphi_2$ 降低时，即感性负载时，由于一次、二次绕组的漏阻抗 Z_{S1}、Z_{S2} 的存在，U_2 随 I_2 的增加而下降的程度加大，这是因为滞后的无功电流对变压器磁路中主磁通的去磁作用更为显著，使 E_1 和 E_2 有所下降；但当 $\cos\varphi_2$ 为负值时，即容性负载时，超前的无功电流有助磁作用，主磁通有所增加，E_1 和 E_2 也相应加大，使得 U_2 会随 I_2 的增加而提高。以上分析表明，负载的功率因数和漏阻抗 Z_{S1}、Z_{S2} 对变压器外特性的影响是很大的。

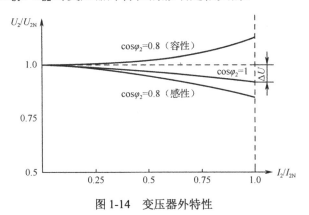

图 1-14　变压器外特性

2）变压器的电压调整率

一般情况下，变压器的负载大多数是感性负载，因而当负载增加时，输出电压 U_2 总是下降的，其下降的程度常用电压调整率来描述。当变压器从空载到额定负载（$I_2 = I_{2N}$）运行时，二次绕组输出电压的变化值与空载电压 U_{2N} 之比的百分值就称为变压器的电压调整率，用 ΔU 表示。

$$\Delta U = \frac{U_{2N} - U_2}{U_{2N}} \times 100\%$$

式中，U_{2N} 为变压器空载时二次绕组的电压（称为额定电压），U_2 为二次绕组输出额定电流时的电压。

电压调整率反映了供电电压的稳定性，是变压器的一个重要性能指标。ΔU 越小，说明变压器二次绕组输出的电压越稳定，因此要求变压器的 ΔU 越小越好。常用的电力变压器从空载到满载，电压调整率为 3%～5%。一般情况下，照明电源电压波动不超过±5%，动力电源电压波动范围为-5%～10%。

2. 变压器的损耗及效率

变压器从电源输入的有功功率 P_1 和向负载输出的有功功率 P_2 分别为

$$P_1 = U_1 I_1 \cos\varphi_1$$
$$P_2 = U_2 I_2 \cos\varphi_2$$

两者之差为变压器的损耗 ΔP，它包括铁损耗 P_{Fe} 和铜损耗 P_{Cu} 两部分，即

$$\Delta P = P_{Fe} + P_{Cu}$$

1）铁损耗 P_{Fe}

变压器的铁损耗包括基本铁损耗和附加铁损耗两部分。基本铁损耗包括铁芯中的磁滞损耗和涡流损耗，它决定于铁芯中磁通密度的大小、磁通交变的频率和硅钢片的质量等。附加损耗则包括铁芯叠片间因绝缘损伤而产生的局部涡流损耗、主磁通在变压器铁芯以外的结构部件中引起的涡流损耗等，附加损耗约为基本损耗的15%～20%。

变压器的铁损耗与一次绕组上所加的电源电压大小有关，而与负载电流的大小无关。当电源电压一定时，铁芯中的磁通基本不变，故铁损耗也就基本不变，因此铁损耗又称"不变损耗"。

2）铜损耗 P_{Cu}

变压器的铜损耗分为基本铜损耗和附加铜损耗两部分。基本铜损耗是电流在一次、二次绕组电阻上产生的损耗，而附加铜损耗是指由漏磁通产生的集肤效应使电流在导体内分布不均匀而产生的额外损耗。附加铜损耗为基本铜损耗的3%～20%。在变压器中铜损耗与负载电流的平方成正比，所以铜损耗又称"可变损耗"。

3）效率

变压器的输出功率 P_2 与输入功率 P_1 之比称为变压器的效率 η，即

$$\eta = \frac{P_2}{P_1} \times 100\% = \frac{P_2}{P_2 + \Delta P} \times 100\% = \frac{P_2}{P_2 + P_{Cu} + P_{Fe}} \times 100\%$$

由于变压器没有旋转的部件，不像电动机那样有机械损耗存在，因此变压器的效率一般比较高，中小型电力变压器效率在95%以上，大型电力变压器效率可达99%以上。

当变压器的负载电流 I_2 变化时，输出功率 P_2 及铜损耗 P_{Cu} 也在变化，因此变压器的效率 η 也随负载电流的变化而变化，其变化规律通常用变压器的效率特性曲线来表示，如图1-15所示，图中 $\beta = I_2/I_{2N}$ 称为负载系数。

通过数学分析可知：当变压器的不变损耗等于可变损耗时，变压器的效率最高，即 $\beta_m = \sqrt{\dfrac{P_{Fe}}{P_{Cu}}}$。通常变压器的最高效率 $\beta_m = 0.5 \sim 0.6$。

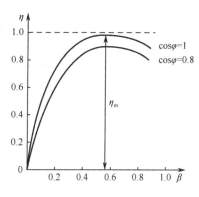

图1-15　变压器效率特性曲线

三、单相变压器空载与短路实验

1. 单相变压器的空载实验

变压器的空载实验指的是通过变压器的空载运行来测定变压器的空载电流和空载损耗。空载实验可以在变压器的任何一侧进行。为便于选用测量仪表、确保实验安全，空载实验通常将额定频率的正弦电压加在低压线圈上，而高压侧开路。

变压器空载时，铁芯中主磁通的大小是由绕组端电压决定的。当变压器施加额定电压时，铁芯中的主磁通达到了变压器额定工作状态下的数值，这时铁芯中的功率损耗也达到了变压器额定工作状态下的数值，因此可以认为变压器空载时的输入功率全部是变压器的铁损。

按图1-16连接好电路后，使被测变压器的一次侧电压为其额定电压，二次侧的感应电压

（空载）也应为额定值，此时电流表测得的电流即被测变压器的空载电流，功率表的读数即空载损耗功率。

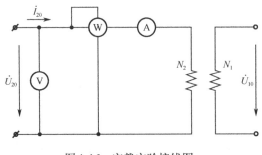

图1-16　空载实验接线图

通过变压器空载实验，可以测量变压器的空载损耗功率和空载电流；验证变压器铁芯的设计、工艺制造是否满足技术条件和标准的要求；检查变压器铁芯是否存在缺陷，如局部过热、局部绝缘不良等。

2. 单相变压器的短路实验

变压器的短路实验指的是通过变压器的短路来测定变压器的短路电压和短路损耗功率。

变压器的短路实验通常是将高压线圈接至电源，而将低压线圈直接短接，如图1-17所示。为了避免过大的短路电流损坏变压器的线圈，短路实验应在降低电压的条件下进行。

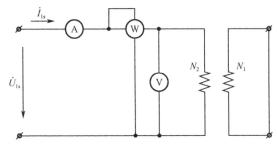

图1-17　短路实验接线图

因外施电压较低，铁芯中的工作磁通比额定工作状态小得多，铁损可以忽略不计，所以短路实验的全部输入功率基本上都消耗在变压器绕组上，因此可以认为变压器短路时的输入功率全部是变压器的铜损。

按图1-17连接好电路后，使被测变压器的一次侧电流为其额定电流，此时电压表测得的电压即被测变压器的短路电压，功率表的读数即短路损耗功率。

基本技能

一、小型单相变压器的设计

小型单相变压器的设计思路是：由负载的大小确定其容量，由从负载侧所需电压计算出两侧电压，根据用户的使用要求及环境决定材质和尺寸。

1. 计算变压器的输出容量 S_2

输出容量的大小受变压器二次侧供给负载量的限制，多个负载则需要多个二次绕组，各绕组的电压、电流分别为 U_2、I_2，U_3、I_3，U_4、I_4，…，则

$$S_2 = U_2 I_2 + U_3 I_3 + \cdots$$

式中，U_2、U_3、…、U_n——变压器各二次绕组电压有效值，单位为 V；

$\qquad I_2$、I_3、…、I_n——变压器各二次绕组电流有效值，单位为 A。

2. 估算变压器输入容量 S_1 和输入电流 I_1

对于小型变压器，考虑负载运行时的功率损耗（铜耗及铁耗）后，其输入容量 S_1 的计算式为

$$S_1 = \frac{S_2}{\eta}$$

式中，η 为变压器的效率，总小于 1，小型变压器的效率 η 一般为 0.8～0.9。输入电流为

$$I_1 = (1.1 \sim 1.2)\frac{S_1}{U_1}$$

式中，U_1——变压器一次绕组电压（即外加电压）的有效值，单位为 V；

$\qquad$1.1～1.2——变压器因存在励磁电流分量的经验系数。

3. 变压器铁芯截面积的计算及硅钢片尺寸的选用

小型单相变压器的铁芯多采用壳式，在铁芯中柱上放置绕组。铁芯尺寸如图 1-18 所示，中柱横截面面积 A_{Fe} 的大小与变压器输出容量 S_2 的关系为

$$A_{Fe} = k\sqrt{S_2}$$

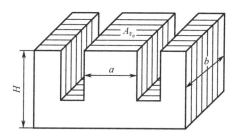

图 1-18　铁芯尺寸

4. 计算每个绕组的匝数

一次绕组的匝数为：$N_1 = U_1 N_0$

二次绕组的匝数为：$N_2 = 1.05 U_2 N_0$

$\qquad\qquad\qquad N_3 = 1.05 U_3 N_0$

$\qquad\qquad\qquad N_n = 1.05 U_n N_0$

值得一提的是，式中二次绕组所增加的 5%匝数是为了补偿负载时的电压降。

5. 计算每个绕组的导线直径并选择导线

导线截面积为

$$A_s = \frac{I}{j}$$

电流密度一般选取 $j=(2\sim3)$ A/mm²；但在变压器短时工作时，电流密度可取 $j=(4\sim5)$ A/mm²。

以计算出的 A_s 为依据，查表 1-3 选取相同或相近截面积的导线直径，再根据导线直径查表，得到漆包导线带漆膜后的外径。

表 1-3 常用圆铜漆包线规格

导线直径 ϕ/mm	导线截面积 A_s/mm²	导线最大外径 ϕ'/mm		导线直径 ϕ/mm	导线截面积 A_s/mm²	导线最大外径 ϕ'/mm	
		油性漆包线	其他绝缘漆包线			油性漆包线	其他绝缘漆包线
0.10	0.007 85	0.12	0.13	0.59	0.273	0.64	0.66
0.11	0.009 50	0.13	0.14	0.62	0.302	0.67	0.69
0.12	0.011 31	0.14	0.15	0.64	0.322	0.69	0.72
0.13	0.013 3	0.15	0.16	0.67	0.353	0.72	0.75
0.14	0.015 4	0.16	0.17	0.69	0.374	0.74	0.77
0.15	0.017 67	0.17	0.19	0.72	0.407	0.78	0.80
0.16	0.020 1	0.18	0.20	0.74	0.430	0.80	0.83
0.17	0.025 5	0.20	0.22	0.80	0.503	0.86	0.89
0.18	0.025 5	0.20	0.22	0.80	0.503	0.86	0.89
0.19	0.028 4	0.21	0.23	0.83	0.541	0.89	0.92
0.20	0.031 40	0.225	0.24	0.86	0.581	0.92	0.95
0.21	0.034 6	0.235	0.25	0.90	0.636	0.96	0.99
0.23	0.041 5	0.255	0.28	0.93	0.679	0.99	1.02
0.25	0.049 1	0.275	0.30	0.96	0.724	1.02	1.05
0.28	0.057 3	0.31	0.32	1.00	0.785	1.07	1.11
0.29	0.066 7	0.33	0.34	1.04	0.849	1.12	1.15
0.31	0.075 5	0.35	0.36	1.08	0.916	1.16	1.19
0.33	0.085 5	0.37	0.38	1.12	0.985	1.20	1.23
0.35	0.096 2	0.39	0.41	1.16	1.057	1.24	1.27
0.38	0.113 4	0.42	0.44	1.20	1.131	1.28	1.31
0.41	0.132 0	0.45	0.47	1.25	1.227	1.33	1.36
0.44	0.152 1	0.49	0.50	1.30	1.327	1.38	1.41
0.47	0.173 5	0.52	0.53	1.35	1.431	1.43	1.46
0.49	0.188 6	0.54	0.55	1.40	1.539	1.48	1.51

续表

导线直径 ϕ/mm	导线截面积 A_s/mm²	导线最大外径 ϕ' /mm		导线直径 ϕ/mm	导线截面积 A_s/mm²	导线最大外径 ϕ' /mm	
		油性漆包线	其他绝缘漆包线			油性漆包线	其他绝缘漆包线
0.51	0.204	0.56	0.58	1.45	1.651	1.53	1.56
0.53	0.221	0.58	0.60	1.50	1.767	1.58	1.61
0.55	0.238	0.60	0.62	1.56	1.911	1.64	1.67
0.57	0.255	0.62	0.64				

6. 核算铁芯窗口的面积

核算所选用的变压器铁芯窗口能否放得下所设计的绕组。

调整的思路有两种：一种是加大铁芯叠厚 b'，使铁芯柱截面积 A_{Fe} 增大，以减少绕组匝数；另一种是重新选取硅钢片尺寸，如加大铁芯柱宽 a，可增大铁芯截面积 A_{Fe}，从而减少匝数。

二、小型变压器的拆装、重绕与制作

首先将一个单组输出双绕组的小型单相变压器（如 200V/12V/10W）拆开，同时记录相关参数；然后重新绕制绕组的线圈，并将铁芯和其他附件重新装好后进行测试。

通过对小型变压器的检测、拆卸、制作，了解单相变压器的基本结构，学会小型单相变压器的拆卸、检测方法及制作工艺；掌握单相变压器的工作原理，如变压、变流、变阻原理和变压器中电路与磁路间的关系，掌握单相变压器的分类及各类型单相变压器的功能和用途。

1. 准备材料及工具

1）标准变压器及漆包线（图 1-19）

通过拆卸标准变压器可知相应的一次绕组和二次绕组的漆包线线径。

图 1-19　标准变压器及漆包线

2）绝缘材料的选择

绝缘材料的选择应从两个方面考虑：绝缘强度、工艺处理方案。

3）量具

图 1-20 所示量具分别用于测量变压器的绕组直流电阻值、绝缘电阻值及绕组线径。

4）工具

图 1-21 所示工具用于拆卸变压器铁芯及绕组。

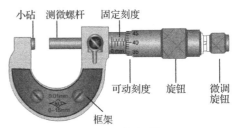

小砧　测微螺杆　　固定刻度

可动刻度　旋钮　微调旋钮

框架

（a）万用表　　　　　　　（b）兆欧表　　　　　　（c）千分尺（螺旋测微尺）

图 1-20　量具

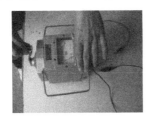

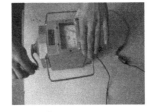

（a）胶锤（或木锤）　　　　　　　　　（b）绕线机

图 1-21　工具

2. 标准变压器的参数测量

1）兆欧表的开路实验

如图 1-22 所示，将兆欧表的 L 线与 E 线自然分开，以 120r/min 的速度摇动兆欧表。正常情况下，兆欧表的表针应指向无穷大，以此证明兆欧表电压线圈正常。

2）兆欧表的短路实验

如图 1-23 所示，将兆欧表的 L 线与 E 线短接，轻轻摇动兆欧表。正常情况下，兆欧表的表针应很快指向刻度 0，以此证明兆欧表电压线圈正常。

图 1-22　兆欧表的开路实验　　　　　图 1-23　兆欧表的短路实验

3）一次、二次绕组间绝缘电阻值的测量

如图 1-24 所示，用兆欧表测量一次绕组和二次绕组间的绝缘电阻值，应接近∞。

4）一次绕组与铁芯间绝缘电阻值的测量

如图 1-25 所示，用兆欧表测量一次绕组对铁芯（外壳）的绝缘电阻值，应接近∞。

图 1-24　一次、二次绕组间绝缘电阻值的测量　　图 1-25　一次绕组与铁芯间绝缘电阻值的测量

5）兆欧表读数情况

测量阻值接近∞时的表面如图 1-26 所示。

6）空载电压的测试

当一次侧电压为额定值 220V 时，二次绕组的空载电压允许误差为±5%。

3. 单相变压器产品的拆卸

1）拆卸外壳

① 用一字螺钉旋具将小型变压器卡住底板的四个卡脚翘起，如图 1-27 所示。

图 1-26　测量阻值接近∞时的表面　　图 1-27　用一字螺钉旋具将小型变压器卡住底板的四个卡脚翘起

② 取出外壳底板，如图 1-28 所示。

③ 将整个外壳拆卸下来，并取出铁芯，如图 1-29 所示。

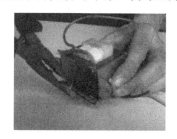

图 1-28　取出外壳底板　　　　图 1-29　将整个外壳拆卸下来，并取出铁芯

④ 拆卸完成，如图 1-30 所示。

2）拆卸铁芯

① 将变压器置于 80～100℃的温度下烘烤约 2h，使绝缘漆软化，减小绝缘漆黏合力，并用锯条或刀片清除铁芯表面的绝缘漆膜，如图 1-31 所示。

② 用铁锤轻轻敲硅钢片，将硅钢片先移出几片，如图 1-32 所示。

图 1-30　拆卸完成

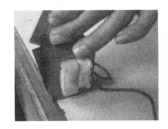

图 1-31　清除铁芯表面的绝缘漆膜

③ 将移出的几片硅钢片沿两侧摇动，使硅钢片松动，同时将铁芯边摇动边向上提，直到硅钢片取出为止，如图 1-33 所示。

图 1-32　移出几片硅钢片

图 1-33　取出硅钢片

④ 重复以上过程，逐步取出最外面插得较紧的硅钢片，如图 1-34 所示。

3）绕组拆卸和绕组线径测量

① 为了便于记录原绕组线圈的匝数，将待拆绕组连同骨架以与绕制线圈的方向相反的方向安装在绕线机上，如图 1-35 所示。

图 1-34　逐步取出最外面插得较紧的硅钢片

图 1-35　将绕组安装在绕线机上

② 将绕线机的计数器清零，如图 1-36 所示。

③ 用手拖动线圈的线头并将拉出来的线绕在另一空骨架上，在骨架的拖动下，绕线机也被动转动，同时带动计数器计数，如图 1-37 所示。

④ 用螺旋测微器分别测出一次绕组和二次绕组的线径并记录，如图 1-38 所示。

4. 制作绕组

1）芯子的制作

芯子是用来固定骨架并便于绕线的，可以用木料或铝材制作，如图 1-39 所示。

图 1-36 将绕线机的计数器清零

图 1-37 用手拖动线圈的线头并将拉出来的线绕在另一空骨架上

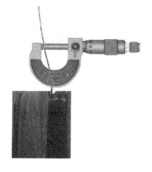

图 1-38 用螺旋测微器分别测出一次绕组和二次绕组的线径

图 1-39 芯子的制作

2）骨架的制作

制作方形底筒，用胶带粘牢底筒并定形，底筒挡板的制作如图 1-40 所示。

3）套芯子

将骨架套上芯子，如图 1-41 所示。

图 1-40 底筒挡板的制作

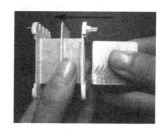

图 1-41 将骨架套上芯子

4）固定芯子及骨架

将带芯子的骨架穿在绕线机轴上，上好紧固件，如图 1-42 所示。

5）计数转盘调零

将绕线机上的计数转盘调零，如图 1-43 所示。

图 1-42 固定芯子及骨架

图 1-43 计数转盘调零

6）起绕

① 起绕时，在骨架上垫好绝缘层，然后将导线一端固定在骨架的引脚上，如图 1-44 所示。

② 引线须紧贴骨架，用透明胶将其贴牢，如图 1-45 所示。

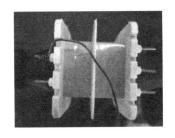

图 1-44　将导线一端固定在骨架的引脚上

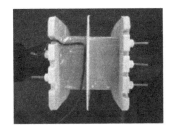

图 1-45　引线紧贴骨架

③ 绕线时从引线的反方向开始绕起，以便压紧起始线头，如图 1-46 所示。

7）线尾的固定

① 当一组绕组绕制到最后一层时，要垫上一条对折的棉线，以防引出导线转弯处的棱角与顺绕导线产生摩擦而损伤，如图 1-47 所示。

图 1-46　绕线方向

图 1-47　线尾的固定 1

② 继续绕线到结束，将线尾插入对折棉线的折缝中，如图 1-48 所示。

③ 抽紧绝缘带，线尾便固定住了，如图 1-49 所示。

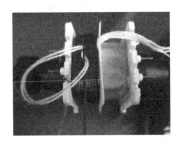

图 1-48　线尾的固定 2

图 1-49　线尾的固定 3

④ 将线尾绕在引脚上，将多余的漆包线剪掉，如图 1-50 所示。

8）引出线的处理

若线径大于 0.2mm，绕组的引出线可利用原线绞合，将表面的绝缘漆刮掉，将引出线焊在引脚上即可，如图 1-51 所示。

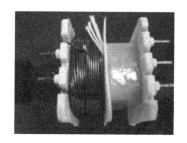

图 1-50　线尾的固定 4

图 1-51　引出线的处理

9）外层绝缘

线包绕制好后，外层绝缘用青壳纸缠绕 2～3 层，写上要求的电压值，用胶水粘牢，如图 1-52 所示。

10）绕线的要领

导线要求绕得紧密、整齐，不允许有叠线现象。绕线时将导线稍微拉向绕线前进的相反方向约 5°，拉线的手顺绕线前进方向而移动，拉力大小应根据导线粗细掌握，导线就容易排列整齐，每绕完一层要垫层间绝缘，如图 1-53 所示。

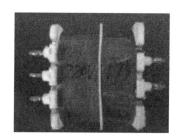

图 1-52　外层绝缘

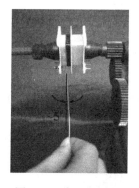

图 1-53　绕线的要领

5. 硅钢片的安装

1）安装准备

镶片前先将夹板装上，如图 1-54 所示。

2）开始安装

镶片应从线包两边交叉对镶，如图 1-55 所示。

图 1-54　镶片前先将夹板装上

图 1-55　开始安装

图 1-56　紧片

3）安装完成

当余下最后几片硅钢片时，比较难镶，俗称紧片。紧片需要用一字螺钉旋具撬开两片硅钢片的夹缝才能插入，同时用木锤轻轻敲入，切不可硬性将硅钢片插入，以免损伤框架和线包，如图 1-56 所示。

6．测试

测试的目的是检验制作出来的变压器的电气性能是否达到要求。

步骤：

（1）兆欧表的开路实验；

（2）兆欧表的短路实验；

（3）一次、二次绕组间绝缘电阻值的测量；

（4）一次绕组与铁芯间绝缘电阻值的测量；

（5）兆欧表读数记录；

（6）空载电压的测试。

7．绝缘处理

1）绝缘处理准备

将线包用导线扎好，如图 1-57 所示。

2）变压器加热

将变压器放在烘箱内加热到 70～80℃，预热 3～5h 取出，以便绝缘漆的渗透，如图 1-58 所示。

图 1-57　将线包用导线扎好

图 1-58　变压器加热

3）浸漆

立即浸入 1032 绝缘漆中约半个小时，如图 1-59 所示。

4）风干及烘干

取出后在通风处滴干，然后在 80℃烘箱内烘 8h 左右，如图 1-60 所示。

图 1-59　浸漆

图 1-60　风干及烘干

 任务评价

一、思考与练习

（一）填空题

1．变压器的外特性是指变压器的一次侧输入额定电压和二次侧负载的_____一定时，二次侧_____与_____的关系。

2．一般情况下，照明电源电压的波动不得超过_____，动力电源电压的波动不得超过_____，否则要进行调整。

3．当变压器的负载功率因数一定时，变压器的功率只与_____有关，当_____时变压器的效率最高。

4．设计小型单相变压器的出发点是_____用电的需要，即应设计出_____、容量满足需要，尺寸、参数确定的变压器。

5．变压器装好后应进行_____、空载电压和空载电流的测试。各绕组间和绕组对地间的绝缘电阻值可用_____测试。

（二）判断题

1．变压器的外特性用来描述输出电压随负载电流变化的情况。　　　　（　　）

2．变压器的铁损耗包括基本铁损耗和附加铁损耗两部分。　　　　　　（　　）

3．接容性负载对变压器的外特性影响较大，并使输出电压下降。　　　（　　）

4．负载的功率因数对变压器外特性的影响很大。　　　　　　　　　　（　　）

5．在变压器中铜损耗与负载电流的平方成正比。　　　　　　　　　　（　　）

6．变压器铁芯柱的截面积与变压器总输出视在功率有关。　　　　　　（　　）

7．变压器导线的允许电流密度一般为$4\sim5\text{A/mm}^2$。　　　　　　　（　　）

8．1kV·A以下的变压器多采用无框骨架。　　　　　　　　　　　（　　）

（三）简答题

1．变压器的额定电压调整率是一个常数吗？它与负载性质有哪些关系？

2．影响变压器输出电压稳定性的因素有哪些？为什么？

二、任务评价

1．任务评价标准（表1-4）

表1-4　任务评价标准

任务检测		分值	评分标准	学生自评	教师评估	任务总评
任务知识和技能内容	熟悉变压器的铭牌	10	（1）熟悉铭牌的作用（5分） （2）熟悉铭牌上的主要技术数据（5分）			
	变压器的运行特性	20	（1）掌握变压器的外特性（5） （2）掌握变压器的电压调整率（5分） （3）了解铁损耗（2分） （4）了解铜损耗（（2分） （5）掌握变压器的损耗及效率（6分）			

任 务 检 测		分值	评 分 标 准	学生自评	教师评估	任务总评
任务知识和技能内容	单相变压器空载与短路实验	20	（1）理解空载实验的作用和原理（5分） （2）理解短路实验的作用和原理（5分）			
	小型变压器的拆装和检修	20	（1）根据故障能正确做出故障判断（10分） （2）根据故障能正确指出修理方法（10分）			
	单相变压器的设计	10	（1）计算变压器的输出容量（5分） （2）铁芯截面积的计算及硅钢片尺寸的选用（5分）			
	单相变压器绕组的制作	20	（1）掌握单相变压器绕组制作的有关知识（5分） （2）熟悉绕线、嵌线、接线、浸漆、烘干等操作（15分）			

2. 技能训练与测试

（1）练习单相变压器的拆卸和装配。

（2）练习单相变压器绕组制作。

技能训练评估表见表1-5。

表1-5 技能训练评估表

项　　目	完成质量与成绩
拆卸	
装配	
绕线	
嵌线	
接线	
浸漆	
烘干	

三、任务小结

（1）为了使变压器安全、经济运行，并保证一定的使用寿命，制造厂按标准规定了变压器的额定数据。铭牌上的主要技术参数有型号、额定容量、额定电压、额定电流、额定频率等。

（2）变压器的外特性用来描述输出电压 U_2 随负载电流 I_2 变化的情况。当一次绕组电压 U_1 和负载的功率因数 $\cos\varphi_2$ 一定时，二次绕组电压 U_2 与负载电流 I_2 的关系，称为变压器的外特性。

（3）一般情况下，变压器的负载为感性负载，因而当负载增加时，输出电压 U_2 总是下降的，其下降的程度常用电压调整率来描述。

（4）变压器的铁损耗包括基本铁损耗和附加铁损耗两部分。基本铁损耗包括铁芯中的磁滞损耗和涡流损耗，它决定于铁芯中的磁通密度的大小、磁通交变的频率和硅钢片的质量等。附加损耗则包括铁芯叠片间因绝缘损伤而产生的局部涡流损耗、主磁通在变压器铁芯以外的结构部件中引起的涡流损耗等，附加损耗为基本损耗的15%～20%。

（5）变压器的铁损耗与一次绕组上所加的电源电压大小有关，而与负载电流的大小无关。当电源电压一定时，铁芯中的磁通基本不变，故铁损耗也基本不变，因此铁损耗又称不变损耗。

（6）变压器的铜损耗分为基本铜损耗和附加铜损耗两部分。基本铜损耗是电流在一次、二次绕组电阻上产生的损耗，而附加铜损耗是指由漏磁通产生的集肤效应使电流在导体内分布不均匀而产生的额外损耗。

（7）通过空载实验，可以确定变压器的变比、铁损耗和励磁阻抗。

（8）小型单相变压器的设计制作思路是：由负载的大小确定其容量，从负载侧所需电压的高低计算出两侧电压，根据用户的使用要求及环境决定其材质和尺寸。经过一系列的设计计算，为制作提供足够的技术数据，即可做出满足需要的小型单相变压器。

三相变压器

任务一　认识三相变压器

知识目标

（1）熟悉三相变压器的用途。
（2）熟悉三相变压器的结构。
（3）掌握三相变压器的同名端的判断方法。

技能目标

（1）认识典型三相变压器的部件。
（2）掌握测定三相变压器首尾端及同名端的方法。

基本知识

三相变压器可以由三台单相变压器组成。大部分三相变压器将三个铁芯柱和铁轭连接成一个三相磁路，形成三相一体式变压器，根据电磁感应的原理，把某一等级的三相交流电压变换成另一等级的三相交流电压，以满足不同负荷的需要。

三相变压器在对称负载下运行时，各相的电流（电压）大小相等，相位相差120°，对任何一相来说，由单相变压器得出的基本结论都适用。目前工矿企业的换变电、电力系统的输配电都采用三相制，因此三相变压器应用非常广泛。

一、三相变压器的用途

目前我国高压输电的电压等级有110kV、220kV、330kV、500kV 及750kV 等。发电机由于其结构及所用绝缘材料的限制，不可能直接发出这样的高压，因此在输电时必须先通过升压变电站，利用变压器将电压升高再进行传输，待高压电能输送到用电区后，为了保证用电安全和符合用电设备电压等级要求，必须通过各级降压变电站，利用变压器将电压降低，如图2-1 所示。电网中所使用的变压器统称电力变压器，由于发电、输电通常都采用三相交流电，因此都要用到三相变压器。

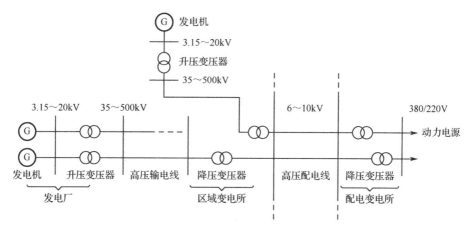

图 2-1　简单电力系统示意图

二、三相变压器的基本结构

根据用途的不同，变压器结构也有所不同，大功率三相变压器的结构比较复杂，而多数三相变压器是油浸式变压器，由绕组和铁芯组成器身，为了解决散热、绝缘、密封、安全等问题，还需要油箱、储油柜、散热器、压力释放阀、安全气道、油位计和气体继电器等附件，如图 2-2 所示。

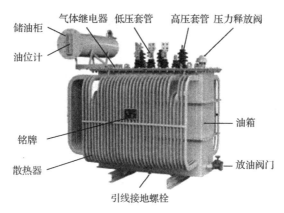

图 2-2　三相变压器的结构

1. 铁芯

铁芯是三相变压器的磁路部分，与单相变压器一样，它也是由 0.35mm 厚的硅钢片叠压（或卷制）而成的，新型电力变压器铁芯均用冷轧晶粒取向硅钢片制作，以降低其损耗。

铁芯柱的截面形状与变压器的容量有关，单相变压器及小型三相变压器采用正方形或长方形截面，如图 2-3（a）所示；在大、中型三相变压器中，为了充分利用绕组内的空间，通常采用阶梯形截面，如图 2-3（b）、（c）所示。阶梯的级数越多，变压器的结构越紧凑，但叠装工艺越复杂。

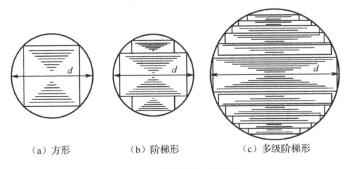

（a）方形　　　　　　　（b）阶梯形　　　　　　（c）多级阶梯形

图 2-3　铁芯柱截面形状

2. 绕组

绕组是三相变压器的电路部分，一般用绝缘纸包裹的扁铜线或扁铝线绕成。绕组有同心式绕组和交叠式绕组。

3. 油箱和冷却装置

由于三相变压器主要用于电力系统进行电压等级的变换，因此其容量都比较大，电压也比较高，为了铁芯和绕组的散热和绝缘，均将其置于绝缘的变压器油内，而油盛放在油箱内。为了增加散热面积，一般在油箱四周加装散热装置，旧型电力变压器在油箱四周加焊扁型散热油管，新型电力变压器多采用片式散热器。容量大于 10000kV·A 的电力变压器采用风冷或强迫油循环冷却。

很多变压器在油箱上部还装有储油柜，它通过连接管道与油箱相通。储油柜的油面高度随变压器油的热胀冷缩而变动。储油柜使变压器油与空气的接触面积大为减小，从而减缓了变压器油的老化速度。新型的全充油密封式电力变压器则取消了储油柜，运行时变压器油的体积变化完全由设在侧壁的膨胀式散热器（金属波纹油箱）来补偿，变压器端盖与箱体制成一体，设备免维护，运行安全可靠。

4. 调压分接开关

变压器的输出电压随负载和一次侧电压的变化而变化，可通过调压分接开关改变绕组匝数来调节输出电压。

1）无励磁调压分接开关（图 2-4）

无励磁调压是指变压器一次侧脱离电源后调压，常用的无励磁调压分接开关的调节范围为额定输出电压的±5%。

2）有载调压分接开关（图 2-5）

有载调压分接开关的动触点由主触点和辅助触点组成，有复合式和组合式两类，组合式调节范围可达±15%。每次主触点尚未脱开时，辅助触点已与下一挡的静电触点接触，而且辅助触点上有限流阻抗，可以大大减少电弧，使供电不会间断，改善供电质量。

5. 绝缘套管（图 2-6）

绝缘套管穿过油箱盖，将油箱中变压器绕组的输入、输出线从箱内与电网相接。绝缘套管由外部的瓷套和中间的导电杆组成，对它的要求是绝缘性能和密封性能好。根据运行电压的不同，绝缘套管分为充气式和充油式两种，后者用于 60kV 以上电压。当用于 110kV 以上高电压时，还需要在充油式绝缘套管中包有多层绝缘层和铝箔层，使电场均匀分布，增强绝缘性能。根据运行环境的不同，绝缘套管又分为户内式和户外式。

图 2-4　无励磁调压分接开关　　　　　　图 2-5　有载调压分接开关

6. 测温装置（图 2-7）

测温装置就是热保护装置。变压器的寿命取决于变压器的运行温度，因此油温和绕组的温度监测是很重要的。通常用三种温度计监测，箱盖上设酒精温度计，其特点是计量精确，但观察不方便；变压器上装有信号温度计，便于观察；箱盖上还装有电阻式温度计，用于远距离监测。

图 2-6　绝缘套管

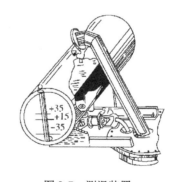

图 2-7　测温装置

三、三相变压器的常用保护装置

1. 气体继电器（瓦斯继电器）（图 2-8）

气体继电器装在油箱与储油柜之间的管道中，当变压器发生故障时，器身就会过热，使油分解产生气体。气体进入气体继电器内，使其中一个水银开关接通（上浮筒动作），发出报警信号。此时应立即将气体继电器中的气体放出检查，若是无色、不可燃气体，变压器可继续运行；若是有色、有焦味、可燃气体，则应立即停电检查。变压器发生严重故障时，变压器油膨胀，冲击气体继电器内的挡板，使另一个水银开关接通跳闸回路（下浮筒动作），切断电源，避免故障扩大。

2. 安全气道（图 2-9）

安全气道又称防爆管，装在油箱顶盖上，它是一个长钢筒，出口处有一块厚度约 2mm 的密封玻璃板（防爆膜），玻璃上划有几道缝。当变压器内部发生严重故障而产生大量气体，内部压力超过 50kPa 时，油和气体会冲破防爆玻璃喷出，从而避免了油箱爆炸引起更大的危害。安全气道在实际中已较少使用，逐渐被压力释放阀取代。

图 2-8　气体继电器（瓦斯继电器）　　　　　图 2-9　安全气道

3. 压力释放阀（图 2-10）

在变压器中，尤其是在全密封变压器中，广泛采用压力释放阀，它的动作压力为（53.9±4.9）kPa，关闭压力为 29.4kPa，动作时间不大于 2ms。动作时膜盘被顶开，释放压力，平时膜盘靠弹簧拉力紧贴阀座，起密封作用。

四、三相变压器的端子

1. 三相变压器绕组的线路端子和首尾端

图 2-10　压力释放阀

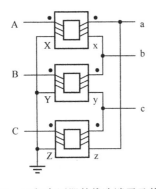

图 2-11　三相变压器的线路端子及其标记

三相变压器可以由三个单相变压器通过外部连线组成，也可以制成一个整体的三相变压器。不管用哪种方法组成三相变压器，都要把各个端子的用途标示出来。把用于连接电网络导线的端子称为线路端子。高压绕组的线路端子通常用大写的 A、B、C 或 U、V、W 表示，低压绕组的线路端子通常用小写的 a、b、c 或 u、v、w 表示，如图 2-11 所示。

首端没有专门的符号，通常把与线路端子连接的绕组一端称为首端（或始端），线路端子的符号就是绕组的首端符号，把同一个绕组的另一端称为尾端（或末端）。高压绕组的尾端通常用大写的 X、Y、Z 表示，低压绕组的尾端通常用小写的 x、y、z 表示。

2. 首尾端和同名端的关系

当判断接线的组别时,必须综合考虑不同端子的用途。另外,当首端确定后,在"减极性"的情况下,都是把极性标志加到高压和低压绕组的首端的。在"加极性"的情况下,都是选择高压的首端和低压的尾端作为同名端的。

 基本技能

一、三相变压器同名端的判别

可将三相变压器看成三个单相变压器,用同样的方法判别,但三相变压器结构特点略有不同,三相变压器首尾端判别如图 2-12 所示。

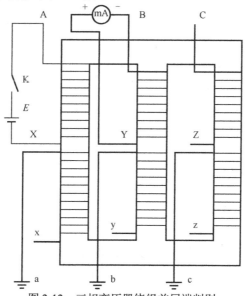

图 2-12 三相变压器绕组首尾端判别

先判别出三相变压器某一相(如 A 相)一次、二次绕组的同名端,再判别另两相绕组的同名端,在三相变压器的 A 相一次绕组的首尾端接一直流电动势,在 B 相或 C 相一次、二次绕组接万用表毫安挡可测出同名端。如图 2-12 所示,根据电磁感应定律可知:开关 K 接通瞬间,若表针正向摆动,则与万用表负表笔相接的一端和 A 相绕组与电源正极相接的一端为同名端。若规定与电池正极相接的一端为首端,则与万用表负表笔相接的一端为尾端。B 相一次绕组判别完再将万用表接 C 相一次绕组,根据判别规定好三相变压器 3 个一次绕组的首尾端,最后根据单相变压器判别法判定出另两个二次绕组的首尾端。

二、用直流法判别三相变压器首尾端

1. 分相设定标记

首先用万用表电阻挡测量 12 个出线端之间的通断情况及电阻值,找出三相高压绕组。假

定标记为 1U1、1V1、1W1、1U2、1V2、1W2，如图 2-13 所示。

图 2-13　分相设定标记

通过测量通断和电阻值来区别高、低压绕组，并将测得的结果填入表 2-1 中。

表 2-1　高、低压绕组的电阻值

高压绕组的电阻值/Ω	低压绕组的电阻值/Ω

2. 定出 V 相首尾端并通过电路判别 U 相首尾端

将一个 1.5V 的干电池（用于小容量变压器）或 2～6V 的蓄电池（用于电力变压器）和刀开关 SA 接入三相变压器高压侧任一相中（1V1 接干电池的正极并定为首端，开关的一端接负极，1V2 接开关的另一端并定为尾端）；W 相悬空，然后用万用表直流 500mA 挡测量 U 相电流的方向，并通过接通开关 SA 瞬间 U 相电流方向来判断其极性，如图 2-14 所示。

图 2-14　定出 V 相首尾端并通过电路判别 U 相首尾端

3. 判别 W 相首尾端

方法与上述相似，只是将上述的 U 相与 W 相调换操作。即将 U 相悬空，然后用万用表直流 500mA 挡来测量 W 相电流的方向，并通过接通开关 SA 瞬间 W 相电流方向来判断其极性，如图 2-15 所示。

图 2-15　判别 W 相首尾端

4. 确认同名端

（1）如果在合上刀开关 SA 的瞬间，表针向正方向（右方）摆动，则接在直流电流表"+"端子上的线端是 1U2 和 1W2，接在"−"端子上的线端是 1U1 和 1W1，如图 2-16 所示。

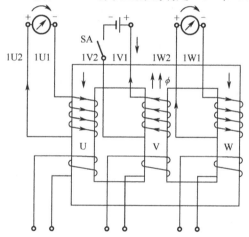

图 2-16　直流法测定三相变压器首尾端（正摆）

（2）如果在接通的瞬间，表针向反方向（左方）摆动时，则接在直流电流表"+"端子上的线端是 1U1，接在"−"端子上的线端是 1U2 和 1W2，如图 2-17 所示。

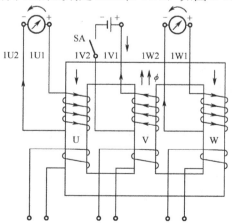

图 2-17　直流法测定三相变压器首尾端（反摆）

任务评价

一、思考与练习

（一）填空题

1. 变压器的绕组常用绝缘铝线、铜线或铜箔绕制而成。接电源的绕组称为_____，接负载的称为_____。

2. 按冷却方式进行分类，电力变压器可分为_____变压器、_____变压器、_____变压器、_____变压器。

3. 国产电力变压器大多数采用_____，其主要部分是_____和_____，由它们组成器身。为了解决散热、绝缘、密封、安全等问题，还需要_____、_____、_____、_____、_____、_____和_____等。

4. 变压器的调压分接开关用来控制_____变动，它一般装在_____，通过改变一次绕组的_____来调节电压。输出电压的调节范围为_____的±5%。

5. 安全气道又称防爆器，用于避免油箱爆炸引起更大的危害。在密封变压器中，它广泛用于_____。

6. 某变压器型号为S7-500/10，其中S表示_____，500表示_____，10表示_____。

7. 升温是指变压器在额定工作条件下，内部绕组允许的_____与_____之差。

（二）选择题

1. 从工作原理来看，中、小型电力变压器的主要组成部分是（　　）。

A. 油箱和油枕　　　　　　　　　　B. 油箱和散热器

C. 铁芯和绕组　　　　　　　　　　D. 外壳和保护装置

2. 油浸式中、小型电力变压器中变压器油的作用是（　　）。

A. 润油和防氧化　　　　　　　　　B. 绝缘和散热

C. 阻燃和防爆　　　　　　　　　　D. 灭弧和均压

（三）判断题

1. 中、小型电力变压器无载调压分接开关的调节范围是其额定输出电压的±15%。（　　）

2. 电力变压器二次绕组的额定电压是指在一次绕组接入额定电压，二次绕组接入额定负载，调压分接开关位于额定分接头上时二次绕组输出的线电流。（　　）

3. 气体继电器装在油箱与储油柜之间的管道中，当变压器发生故障时，器身就会过热使油分解产生气体，发出报警信号。（　　）

4. 测量装置就是热保护装置，用于检测变压器的工作温度。（　　）

5. 绕组的最高允许温度为额定环境温度加变压器额定升温。（　　）

（四）简答题

1. 为什么要利用高压进行输电？

2. 电力变压器按其功能可分为哪几种？

二、任务评价

1. 任务评价标准（表2-2）

表2-2 任务评价标准

任务检测		分值	评分标准	学生自评	教师评估	任务总评
任务知识和技能内容	认识三相变压器	10	（1）单相变压器和三相变压器的区别（5分） （2）单相与三相的区别（5分）			
	三相变压器的用途	10	（1）理解升压变压器的作用（5分） （2）理解降压变压器的作用（5分）			
	三相变压器的结构	35	（1）熟悉三相变压器的总体结构（5分） （2）熟悉铁芯和绕组的基本结构（10分） （3）熟悉常用的保护装置（10分） （4）熟悉调压分接开关（5分） （5）了解冷却方式（5分）			
	三相变压器的端了	20	（1）认识变压器绕组的线路端子（5分） （2）认识变压器绕组的首尾端（10分） （3）理解首尾端和同名端的关系（5分）			
	三相变压器首尾端的判别	25	（1）掌握判别单相变压器首尾端的方法（5分） （2）掌握判别三相变压器同名端的方法（10分） （3）掌握判别三相变压器首尾端的方法（10分）			

2. 技能训练与测试

（1）练习三相变压器首尾端的判别。

（2）练习三相变压器同名端的测定。

技能训练评估表见表2-3。

表2-3 技能训练评估表

项 目	完成质量与成绩
认知	
首尾端的判别	
同名端的测定	

三、任务小结

（1）电力网中所使用的变压器统称电力变压器，由于发电、输电通常都采用三相交流电，因此三相变压器有着广泛的应用，这些变压器又称三相电力变压器。

（2）为提高电能的传输效率，用升压变压器将传输电压提高到110kV甚至更高。

（3）把超高压的电能传输到用户前，考虑用电安全，再应用降压变压器降低电压。

（4）多数三相变压器是油浸式变压器，由绕组和铁芯组成器身，为了解决散热、绝缘、密封、安全等问题，还需要油箱、储油柜、冷却装置、压力释放阀、安全气道、温度计和气体继电器等附件。

（5）按冷却方式进行分类，电力变压器可分为油浸式变压器（常用于大、中型变压器）、风冷式变压器（强迫油循环风冷，用于大型变压器）、自冷式变压器（空气冷却，用于中、小型变压器）、干式变压器（用于安全防火要求较高的场合，如地铁、机场及高层建筑等）。

（6）不管用哪种方法组成三相变压器，总要把各个端子的用途标示出来。在国家标准中把用于连接电网络导线的端子称为线路端子。高压绕组的线路端子通常用大写的 A、B、C 或 U、V、W 表示，低压绕组的线路端子通常用小写的 a、b、c 或 u、v、w 表示。

（7）从定义来看，首端、尾端跟同名端似乎没有什么关系。但是，当判断接线的组别时，必须综合考虑不同端子的不同用途。

（8）三相变压器同名端的测定方法与单相变压器的测定方法是一致的，可以参考单相变压器的测定方法进行测定。

任务二　识读三相变压器铭牌

知识目标

（1）了解三相变压器的铭牌。
（2）熟悉三相变压器联结组。
（3）掌握三相变压器并联运行特性。

技能目标

（1）认识典型三相变压器的部件。
（2）会测定三相变压器的首尾端及同名端。

基本知识

一、三相变压器的铭牌

三相变压器铭牌上的主要技术数据有产品型号、额定容量、额定电压、额定电流、额定频率、阻抗电压等，此外，铭牌上还有变压器的相数、联结组、接线图、短路阻抗、变压器的运行及冷却方式等，如图 2-18 所示。有时为了运输和维修吊装，在铭牌上还标有变压器的总质量、油重和器身的吊运质量等。三相变压器铭牌所标数据比单相变压器多了一个联结组标号。

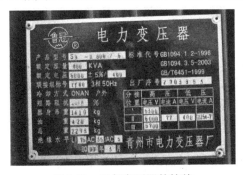

图 2-18　三相变压器的铭牌

二、三相变压器的联结组

1. 三相变压器磁路

三相变压器按磁路系统可分为三相组合式变压器和三相芯式变压器。

三相组合式变压器由三台单相变压器按一定连接方式组合而成，其各相磁路互不相关，如图2-19所示。

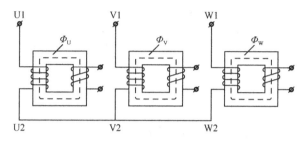

图2-19　三相组合式变压器的磁路系统

三相芯式变压器是三相共用一个铁芯的变压器，其各相磁路互相关联，如图2-20（a）所示。它有三个铁芯柱，供三相磁通Φ_U、Φ_V、Φ_W分别通过。在三相电压平衡时，磁路也是对称的，总磁通$\Phi_总=\Phi_U+\Phi_V+\Phi_W=0$，所以就不需要另外的铁芯来供$\Phi_总$通过，可以省去中间的铁芯，类似于三相对称电路中省去中线一样，这样就大量节省了铁芯的材料［图2-20（b）］。在实际的应用中，把三相铁芯布置在同一平面上［图2-20（c）］，由于中间铁芯磁路短一些，造成三相磁路不平衡，使三相空载电流也略有不平衡，但形成的空载电流I_0很小，影响不大。由于三相芯式变压器体积小，经济性能好，所以被广泛应用。但变压器铁芯必须接地，以防感应电压或漏电。铁芯只能有一点接地，避免形成闭合回路，产生环流。

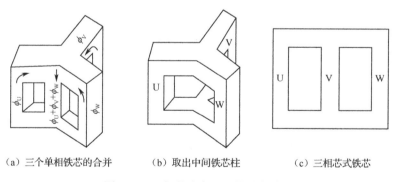

（a）三个单相铁芯的合并　　（b）取出中间铁芯柱　　（c）三相芯式铁芯

图2-20　三相芯式变压器的磁路系统

2. 三相芯式变压器绕组的连接

将三个高压绕组或三个低压绕组连成三相绕组，有两种基本接法：星形（Y）接法和三角形（△）接法。

1）星形接法

星形接法是将三个绕组的末端连在一起，形成中性点，再将三个绕组的首段引出箱外，

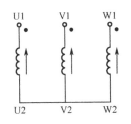

图 2-21　三相变压器绕组星形接法

如图 2-21 所示。如果中性点也引出箱外，则称为中性点引出箱外的星形接法，以符号"YN"表示。

星形接法的优点：

① 与三角形接法相比，相电压低，可节省绝缘材料，对高电压特别有利。

② 能引出中性点，适合于三相四线制，可提供两种供电电压。

③ 中性点附近电压低，有利于装调压分接开关。

④ 相电流大，导线粗，强度大，匝间电容大，能承受较高的电压冲击。

星形接法的缺点：

① 当未引出中线时，一次侧电流中没有三次谐波，导致磁通中有三次谐波存在（因磁路的饱和造成磁通的波形呈平顶状），而这个磁通只能从空气和油箱中通过（指三相芯式变压器），使损耗增加，所以 1800kV·A 以上的变压器不能采用这种接法。

② 中性点要直接接地，否则当三相负载不平衡时，中性点电位会严重偏移，对安全不利。

③ 当某相发生故障时，只能整机停用，而不像三角形接法时还有可能接成 V 形运行。

2）三角形（△）接法

三角形（△）接法是将三个绕组的各相首尾相接构成一个闭合回路，把三个连接点接到电源上，如图 2-22 所示。因为首尾连接的顺序不同，可分为正相序［图 2-22（a）］和反相序［图 2-22（b）］两种接法。

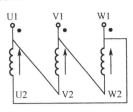

（a）正相序三角形接法

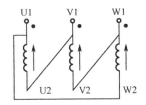

（b）反相序三角形接法

图 2-22　三相变压器绕组三角形接法

三角形接法的优点：

① 输出电流比星形接法大，可以省铜，对大电流变压器很合适。

② 当一相有故障时，另外两相可接成 V 形运行。

三角形接法的缺点：

没有中性点，没有接地点，不能接成三相四线制供电系统。

不管是三角形接法还是星形接法，如果一侧有一相首尾接反了，磁通就不对称，就会使空载电流 I_0 急剧增加，造成严重事故，这是不允许的。

3. 三相芯式变压器绕组的联结组

变压器的一次、二次绕组根据不同的需要有三角形或星形两种接法，一次绕组三角形接法用 D 表示，星形接法用 Y 表示，有中线时用 YN 表示；二次绕组分别用小写的 d、y 和 yn 表示。一次、二次绕组不同的接法，形成了不同的联结组，也反映出不同的一次侧、二次侧的线电压之间的相位关系。为表示这种相位关系，国际上采用时钟表示法的联结组标号予以区分：一次侧线电压向量为长针，永远指向 12 点位置；与之相对应，二次侧线电压向量为短针，它指向几点钟，就是联结组的标号。

如 Y/d11 表示高压侧为星形接法，低压侧为三角形接法，一次侧线电压相位超前二次侧线电压相位 30°。虽然联结组有许多，但为了便于制造和使用，国家标准规定了五种常用的联结组。

1）Y/yn0 联结组

它一般用于三相四线制供电，即同时有动力负载和照明负载的场合，如图 2-23 所示。

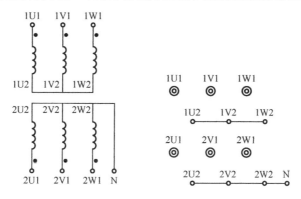

图 2-23 Y/yn0 联结组

2）Y/d11 联结组

它一般用于一次侧线电压在 35kV 以下，二次侧线电压高于 400V 的线路中，如图 2-24 所示。

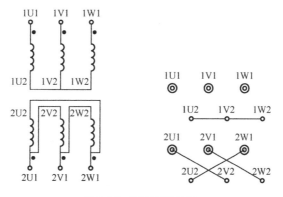

图 2-24 Y/d11 联结组

3）YN/d11 联结组

它一般用于一次侧线电压在 110kV 以上，中性点需要直接接地或阻抗接地的超高压电力系统，如图 2-25 所示。

4）YN/y0 联结组

它一般用于高压中性点需要接地的场合，如图 2-26 所示。

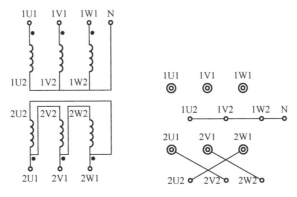

图 2-25 YN/d11 联结组

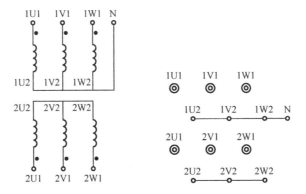

图 2-26 YN/y0 联结组

5）Y/y0 联结组

它一般用于三相动力负载，如图 2-27 所示。

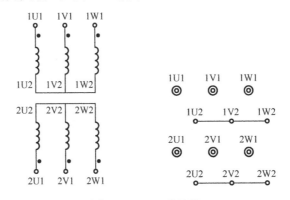

图 2-27 Y/y0 联结组

4．三相变压器联结组的判别

三相变压器联结组可分成 Y/y 和 Y/d 两类，下面分别介绍它们的判别方法。

1）Y/y 联结组

已知变压器的绕组接线图及各相一次侧、二次侧的同极性端，对于 Y/y0 联结组的判别步骤如下。

（1）标示各相电压方向。

首先在接线图中标出各相电压的正方向，如图 2-28 所示。如一次侧和二次侧都指向各自的首端，即 1U1、2U1。

（2）画一次绕组相电压及 UV 间线电压 $\dot{U}_{1U,1V}$ 向量图。

再画出一次绕组相电压向量图，$\dot{U}_{1U}$、$\dot{U}_{1V}$、$\dot{U}_{1W}$ 最好按图中方位画，这样画出的线电压 $\dot{U}_{1U,1V} = \dot{U}_{1U} - \dot{U}_{1V}$，$\dot{U}_{1U,1V}$ 正好在 12 点的位置，不能再移动了，如图 2-29 所示。

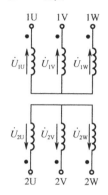
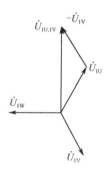

图 2-28　Y/y 联结组各相电压方向标示图　　图 2-29　Y/y 联结组一次绕组相电压及线电压向量图

（3）画二次绕组相电压及 UV 间线电压 $\dot{U}_{2U,2V}$ 向量图。

画出二次绕组的相电压向量图，由接线图中的同名端可判断出 $\dot{U}_{2U}$、$\dot{U}_{2V}$、$\dot{U}_{2W}$ 和一次侧的电动势 $\dot{U}_{1U}$、$\dot{U}_{1V}$、$\dot{U}_{1W}$ 同相位（即同极性），所以它的向量图也和一次侧一样，画出 $\dot{U}_{2U,2V} = \dot{U}_{2U} - \dot{U}_{2V}$，如图 2-30 所示。

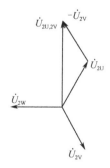

图 2-30　Y/y 联结组二次绕组相电压及线电压向量图

（4）$\dot{U}_{1U,1V}$ 与 $\dot{U}_{2U,2V}$ 的时钟表示。

画出时钟的钟点，只要把一次侧的 $\dot{U}_{1U,1V}$ 放在 12 点，再把二次侧的 $\dot{U}_{2U,2V}$ 作为短针放上去即可，很明显二次侧是 12 点，也是 0 点，所以联结组是 Y/y0 联结组，如图 2-31 所示。

2）Y/d 联结组

已知变压器的绕组接线图及各相一次侧、二次侧的同极性端，对于 Y/d11 联结组的判别步骤如下。

图 2-31 Y/y 联结组 $\dot{U}_{1U,1V}$ 与 $\dot{U}_{2U,2V}$ 时钟表示图

（1）标示各相电压方向。

首先在接线图中标出各相电压的正方向，如图 2-32 所示。如一次侧和二次侧都指向各自的首端，即 1U1、2U1。

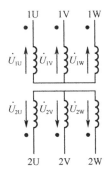

图 2-32 Y/d 联结组各相电压方向标示图

（2）画一次绕组相电压及 UV 间线电压 $\dot{U}_{1U,1V}$ 向量图。

画出一次绕组相电压向量图 $\dot{U}_{1U}$、$\dot{U}_{1V}$、$\dot{U}_{1W}$，线电压 $\dot{U}_{1U,1V} = \dot{U}_{1U} - \dot{U}_{1V}$，$\dot{U}_{1U,1V}$ 正好在 12 点的位置，如图 2-33 所示。

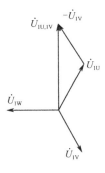

图 2-33 Y/d 联结组一次绕组相电压及线电压向量图

（3）画二次绕组相电压及 UV 间线电压 $\dot{U}_{2U,2V}$ 向量图。

从接线图中找出二次侧线电压 $\dot{U}_{2U,2V}$ 与哪个相的相电压相等，由图中找到 $\dot{U}_{2U,2V} = \dot{U}_{2U} - \dot{U}_{2V}$，即 $\dot{U}_{2U,2V}$ 的方向指向 11 点，如图 2-34 所示。

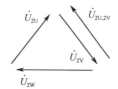

图2-34 Y/d联结组二次绕组相电压及线电压向量图

（4）$\dot{U}_{1U,1V}$ 与 $\dot{U}_{2U,2V}$ 的时钟表示。

画出时钟的钟点，只要把一次侧的 $\dot{U}_{1U,1V}$ 放在12点，再把二次侧的 $\dot{U}_{2U,2V}$ 作为短针放上去即可，很明显二次侧是11点，所以该联结组是Y/d11联结组，如图2-35所示。

图2-35 Y/d联结组 $\dot{U}_{1U,1V}$ 与 $\dot{U}_{2U,2V}$ 时钟表示图

不论是Y/y联结组还是Y/d联结组，如果一次绕组的三相标记不变，把二次绕组的三相标记u、v、w改为w、u、v（相序不变），则二次侧的各线电压向量也分别转过120°，相当于转过4个钟点。若标记为v、w、u，则相当于转过8个钟点。因而对Y/y联结组而言，可得0、4、8、6、10、2共6个偶数标号。对Y/d联结组而言，可得11、3、7、5、9、1共6个奇数标号。

三、三相变压器的并联运行

三相变压器的并联运行是指几台三相变压器的高压绕组及低压绕组分别连接到高压电源及低压电源母线上，共同向负载供电的运行方式，如图2-36所示。

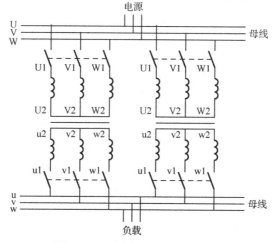

图2-36 三相变压器的并联运行

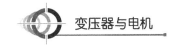

1. 三相变压器并联运行的优点

在变电站中，总的负载经常由两台或多台三相变压器并联供电，其优点是：

（1）变电站所供的负载总是在若干年内不断发展、不断增加的，随着负载的不断增加，可以相应增加变压器的台数，这样做可以减少建站、安装时的一次性投资。

（2）当变电站所供的负载有较大的昼夜或季节波动时，可以根据负载的变动情况，随时调整投入并联运行的变压器台数，以提高变压器的运行效率。

（3）当某台变压器需要检修（或故障）时，可以切换下来，而用备用变压器投入并联运行，以提高供电的可靠性。

2. 三相变压器并联运行的条件

1）三相变压器并联运行的理想情况

（1）空载时，并联的各变压器之间没有环流，以避免环流铜耗。

（2）有负载时，各变压器所承担的负载电流应按其容量的大小呈正比例分配，防止其中某台过载或欠载，使并联组的容量得到充分利用。

（3）负载运行时，各变压器所分担的电流应与总的负载电流同相位，共同承担的负载电流最大。

2）必须满足的条件

为了使变压器能正常地投入并联运行，各并联运行变压器必须满足以下条件。

（1）一次、二次绕组电压应相等，即变压比应相等。

（2）联结组必须相同。

（3）短路阻抗（即短路电压）应相等，实际并联运行的变压器，其变比不可能绝对相等，其短路电压也不可能绝对相等，允许有极小的差别，但变压器的联结组必须相同。下面分别说明这些条件。

① 变比误差。

设两台同容量的变压器 T_1 和 T_2 并联运行，如图 2-37（a）所示，其变比有微小的差别。其一次绕组接在同一电源电压 U_1 下，二次绕组并联后，也应有相同的 U_2，但由于变比不同，两个二次绕组之间的电动势有差别，设 $E_1>E_2$，则电动势差值 $\Delta E= E_1-E_2$ 会在两个二次绕组之间形成环流 I_c，如图 2-37（b）所示，这个电流称为平衡电流，其值与两台变压器的短路阻抗 E_{s1} 和 E_{s2} 有关，即 $I_c=\dfrac{\Delta E}{E_{s1}+E_{s2}}$。变压器的短路阻抗不大，故在不大的 ΔE 下也会有很大的平衡电流。变压器空载运行时，平衡电流流过绕组，会增大空载损耗，平衡电流越大则损耗越大。变压器负载运行时，二次侧的一台电流增大，而另一台减小，可能使前者超过额定电流而过载，后者则小于额定电流值。所以，有关变压器的国家标准中规定：并联运行的变压器，其变比误差不允许超过±0.5%。

② 联结组相等。

如果两台变压器的变比和短路阻抗均相等，但是联结组不同，采用并联运行方式，其后果十分严重。因为联结组不同，两台变压器二次绕组电压的相位就不同，线电压的相位至少差30°，因此会产生很大的电压差ΔU_2。图 2-38 给出了联结组为 Y/y0 和 Y/d11 的两台变压器

并联运行，其二次绕组线电压之间的电压差为ΔU_2，其数值为

$$\Delta U_2 = 2U_{2N}\sin\frac{30°}{2} = 0.518U_{2N}$$

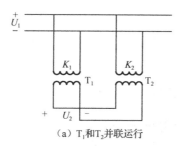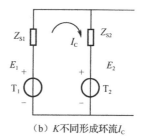

（a）T_1和T_2并联运行　　　　（b）K不同形成环流I_C

图 2-37　变比不等时的并联运行

这样大的电压差将在两台并联运行的变压器二次绕组中产生比额定电流大得多的空载环流，导致变压器损坏，故联结组不同的变压器绝对不允许并联运行。

③ 短路阻抗相等。

设两台容量相同、变比相等、联结组也相同的三相变压器并联运行，现在来分析它们的负载如何均衡分配。设负载为对称负载，则可取其一相来分析。

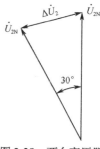

图 2-38　两台变压器并联运行的电压差

如这两台变压器的短路阻抗也相等，则流过两台变压器中的负载电流也相等，即负载均匀分布，这是理想情况。如果短路阻抗不等，设 $E_{s1}I_1 > E_{s2}I_2$，则由于两台变压器一次绕组接在同一电源上，变比及联结组又相同，故二次绕组的感应电动势及输出电压均应相等，但由于 E_s 不等，由欧姆定律可得 $E_{s1}I_1=E_{s2}I_2$，其中 I_1 为流过变压器 T_1 绕组的电流（负载电流），I_2 为流过变压器 T_2 绕组的电流（负载电流）。由此公式可见，并联运行时，负载电流的分配与各台变压器的短路阻抗成反比，短路阻抗小的变压器输出的电流较大，短路阻抗大的输出电流较小，则其容量得不到充分利用。因此，国家标准规定：并联运行的变压器其短路电压比不应超过 10%。

变压器的并联运行还存在一个负载分配的问题。两台同容量的变压器并联，由于短路阻抗的差别很小，可以做到接近均匀地分配负载。当容量差别较大时，合理分配负载是困难的，特别是担心小容量的变压器过载，而使大容量的变压器得不到充分的利用。为此，要求投入并联运行的各变压器中，最大容量与最小容量之比不超过 3∶1。

 基本技能

一、三相变压器的使用

1. 三相变压器投入运行前的检查内容

无论是新型变压器还是检修以后的变压器，在投入运行前必须进行仔细的检查。

1）检查型号和规格

检查变压器型号和规格是否符合要求。

2）检查各种保护装置

检查熔断器的规格型号是否符合要求；报警系统、继电保护系统是否完好，工作是否可靠；避雷装置是否完好；气体继电器是否完好，内部有无气体，如果有气体应打开气阀盖，放掉气体，气体继电器原理图如图 2-39 所示，检查浮筒、活动挡板和接触开关位置是否正确。

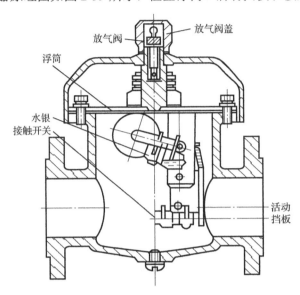

图 2-39　气体继电器原理图

3）检查监视装置

检查各测量仪表的规格是否符合要求，是否完好；油温指示器、油位显示器是否完好，油位是否在与环境温度相对应的油位线上。

4）外观检查

检查箱体各部分有无渗油现象；防爆膜是否完好；箱体是否可靠接地；各电压等级的出线绝缘套管是否有裂隙、损伤，安装是否牢靠；导电排及电缆连接处是否牢固可靠。

5）消防设备的检查

检查消防设备数量和种类是否符合规定要求。

6）测量各电压等级绕组对地的绝缘电阻值

20～30kV 的变压器不低于 300MΩ，3～6kV 的变压器不低于 200MΩ，0.4kV 以下的变压器不低于 90MΩ。

2. 三相变压器运行中应进行的检查工作

为保证三相变压器安全运行，在变压器运行中要定期检查，以提高供电质量，并及时发现故障、排除故障。

1）监视仪表

电压表、电流表、功率表等应每一小时抄表一次；过载运行时，应每半小时抄表一次；

电表不在控制室时每班至少抄表两次。温度计安装在配电盘上的，在记录电流值的同时记录温度；温度计安装在变压器上的应在巡视变压器时进行记录。

2）现场检查

有值班人员的应每班检查一次，每天至少检查一次，每星期进行一次夜间检查。无固定人员值班的至少每两月检查一次，遇特殊情况或气候急剧变化时要及时检查。定期检查的内容如下。

① 检查绝缘套管表面是否清洁，有无破损裂纹及放电痕迹，螺栓有无损坏及其他异常情况，如发现问题，应尽快停电检修。

② 检查箱壳有无渗油和漏油现象，严重的要及时处理。检查散热管温度是否均匀。

③ 检查储油柜的油位高度是否正常，若发现油面过低应该加油；检查油色是否正常，必要时进行油样化验。

④ 检查油面温度计的温度与室温之差（温升）是否符合规定，对照负载情况，是否因变压器内部故障而引起过热。

⑤ 观察防爆管上的防爆膜是否完好，有无冒烟现象。

⑥ 观察掉电排及电缆接头处有无发热变色现象，如贴有示温片，应检查蜡片是否熔化，如有此现象，应停电检查，找出原因并修复。

⑦ 注意变压器有无异常声响，或响声是否比以前增大。

⑧ 注意箱体接地是否良好。

⑨ 变压器室内消防设备干燥剂是否吸潮变色，必要时进行烘干处理或调换。

⑩ 定期进行油样化验。取样瓶应清洁、干燥、不透光，用软管与放油阀门接通，打开阀门，先放掉一部分油，以冲洗阀门及软管的内表面，然后放些油冲洗取样瓶和软管表面。冲洗完毕，将软管插入取样瓶底部，瓶内盛满油后，使油再溢出少许，在溢出过程中拉出软管，盖紧瓶盖，送交化验。

二、三相变压器的维护及检修

变压器的常见故障很多，究其原因可分为两类。一类是因为电网、负载的变化使变压器不能正常工作，如变压器过负荷运行、电网发生过电压、电源供电质量差等；另一类是变压器内部元件发生故障，降低了变压器的工作性能，使变压器不能正常工作。

1. 了解故障发生的情况

变压器发生故障的原因比较复杂，为了正确和快速地分析原因，在处理故障之前，应详细了解变压器在故障发生时的情况。

（1）变压器的运行状况、种类及过载状况。

（2）变压器的温升及电压状况。

（3）事故发生前的气候与环境，如气温、湿度及有无雷雨等。

（4）查看变压器的运行记录、前次大修记录和质量评价等。

（5）了解继电保护装置动作的性质，如短路保护、启动保护、气体继电器等。

2. 变压器短时过载及处理原则

（1）解除音响警报，汇报值班班长并做好记录。

（2）及时调整运行方式，调整负荷的分配，如有备用变压器，应立即投入使用。

（3）如属正常过负荷，可根据正常过负荷的倍数确定允许运行时间，并加强监视油位、油温，不得超过允许值，若过负荷超过允许时间，则应立即减小负荷。

（4）如属事故过负荷，则过负荷的允许倍数和时间应依制造厂的规定执行。若过负荷倍数及时间超过允许值，应按规定减小变压器的负荷。

（5）在过负荷运行时间内，应对变压器及其有关系统进行全面检查，若发现异常应汇报处理。

3. 短路及其他故障原因的分析及处理

三相变压器常见故障的种类、现象、产生原因及处理见表2-4。

表2-4 三相变压器常见故障的种类、现象、产生原因及处理

故障种类	故障现象	故障的可能原因	故障的处理
绕组匝间或层间短路	（1）变压器异常发热 （2）油温升高 （3）油发出特殊的"哑哑"声 （4）电源侧电流增大 （5）高压熔断器熔断 （6）气体继电器动作	（1）变压器运行年久，绕组绝缘老化 （2）绕组绝缘受潮 （3）绕组绕制不当，使绝缘局部受损 （4）油道内落入杂物，使油道堵塞，局部过热	（1）更换或修复所损坏的绕组、衬垫和绝缘套管 （2）进行浸漆和干燥处理 （3）更换或修复绕组
绕组接地或相间短路	（1）高压熔断器熔断 （2）安全气道薄膜破裂、喷油 （3）气体继电器动作 （4）变压器油燃烧 （5）变压器振动	（1）绕组绝缘老化或有破损 （2）变压器进水，绝缘油严重受潮 （3）油面过低，露出油面的引线距离不足而击穿 （4）过电压击穿绕组绝缘	（1）更换或修复绕组 （2）更换变压器油 （3）检修渗、漏油部位，注油至正常位置 （4）更换或修复绕组绝缘，并限制过电压的幅值
绕组变形与断线	（1）变压器发出异常声音 （2）断线相无电流指示	（1）制造装配不良，绕组未压紧 （2）短路电流的电磁力作用 （3）导线焊接不良 （4）雷击造成断线	（1）修复变形部位，必要时更换绕组 （2）拧紧压圈螺钉，紧固松脱的衬垫、撑条 （3）割除溶蚀面重新焊导线 （4）修补绝缘，并进行浸漆干燥处理
铁芯片间绝缘损坏	（1）空载损耗变大 （2）铁芯发热、油温升高、油色变黑 （3）变压器发出异常声响	（1）硅钢片间绝缘老化 （2）受强烈震动，片间发生位移或摩擦 （3）铁芯紧固件松动 （4）铁芯接地后发热烧坏片间绝缘	（1）对绝缘损坏的硅钢片重新刷绝缘漆 （2）紧固铁芯夹件 （3）按铁芯接地故障处理方法处理
铁芯多点接地或接地不良	（1）高压熔断器熔断 （2）铁芯发热、油温升高、油色变黑 （3）气体继电器动作	（1）铁芯与穿心螺杆间的绝缘老化，引起铁芯多点接地 （2）铁芯接地片断开 （3）铁芯接地片松动	（1）更换穿心螺杆与铁芯间的绝缘管和绝缘衬 （2）更换新接地片 （3）将接地片压紧

续表

故障种类	故障现象	故障的可能原因	故障的处理
绝缘套管闪络	(1) 高压熔断器熔断 (2) 绝缘套管表面有放电痕迹	(1) 绝缘套管表面积灰脏污 (2) 绝缘套管有裂纹或破损 (3) 绝缘套管密封不严，绝缘受损 (4) 绝缘套管间掉入杂物	(1) 清除绝缘套管表面的积灰和脏污 (2) 更换绝缘套管 (3) 更换封垫 (4) 清除杂物
调压分接开关烧损	(1) 高压熔断器熔断 (2) 油温升高 (3) 触点表面产生放电声 (4) 变压器油发出"咕嘟"声	(1) 动触点弹簧压力不够或过渡电阻器损坏 (2) 开关配备不良，造成接触不良 (3) 绝缘板绝缘性能变差 (4) 变压器油位下降，使调压分接开关暴露在空气中 (5) 调压分接开关位置错误	(1) 更换或修复触点接触面，更换弹簧或过渡电阻器 (2) 按要求重新装配并进行调整 (3) 更换绝缘板 (4) 补注变压器油至正常油位 (5) 纠正错误
变压器油变质	油色变暗	(1) 变压器故障引起放电，造成变压器油分解 (2) 变压器油长期受热氧化，使油品质变差	对变压器油进行过滤或换新油

 任务评价

一、思考与练习

(一) 填空题

1．三相变压器的一次绕组、二次绕组根据不同的需要可以有_____和_____。

2．所谓三相绕组的星形接法，是指把三相绕组的尾端连在一起构成_____，三个首端分别接在_____的方法。

3．三相变压器一次侧采用星形接法时，如果一相绕组接反，则三个铁芯柱中的磁通将会_____，这时变压器的空载电流也将_____。

4．三相变压器的三角形接法是指把各相_____相接构成一个封闭的回路，把_____接到三相电源上。因首尾连接顺序不同，可分为_____和_____两种接法。

5．对于三相电力变压器，我国国家标准规定了五种标准联结组，它们是_____、_____、_____、_____、_____。

6．联结组为 Y/d3 的三相变压器，其高压边为_____接法，低压边为_____接法，高压边线电压超前低压边线电压_____。

7．为了满足机器设备对电力的要求，许多变电所和用户都采用几台变压器并联供电来提高_____。

8．变压器并联运行的条件是_____，_____，_____。

9．变压器并联运行接线时，要求一次侧、二次侧电压_____，变压比误差不超过_____。

10．变压器并联运行接线时的负载分配（即电流分配）与变压器的阻抗电压_____，因此，为了使负载分配合理（即容量大、电流也大），就要求它们的_____都一样。

11．并联运行的变压器容量之比不宜大于_____，短路电压要尽量接近，相差不大

于_____。

12. 电力变压器投入运行前要测量各绕组对地的绝缘电阻。20～30kV 的变压器不低于_____MΩ，3～6kV 的变压器不低于_____MΩ，0.4kV 以下的变压器不低于_____MΩ。

13. 变压器投入运行中，要对仪表进行监视。电压表、电流表、功率表等应_____抄表一次；在过载运行时，应每_____抄表一次；电表不在控制室时，每班至少抄表_____。

14. 变压器投入运行中，对变压器要进行检查。有值班人员的应每班检查_____次，每天至少检查_____次，每星期进行_____夜间检查。无固定人员值班的至少每_____月检查一次。

15. 变压器上层油温一般应在_____℃以下，如油温突然升高，则可能是冷却装置有故障，也可能是变压器_____故障。

（二）判断题

1. 三角形接法可以使变压器的一次侧一相接反。　　　　　　　　　　（　　）

2. 联结组为 Y/d 的三相变压器，其联结组的标号一定是偶数。　　　（　　）

3. Y/yn0 联结组可供三相动力和单相照明用电。　　　　　　　　　（　　）

4. Y/d11 联结组用于三相四线低压照明。　　　　　　　　　　　　（　　）

5. 当三角形二次绕组接法正确时，其开口电压应该为零。　　　　　　（　　）

6. 当负载随昼夜、季节而波动时，可根据需要将某些变压器解列或并联以提高运行效率，减少不必要的损耗。　　　　　　　　　　　　　　　　　　　（　　）

7. 两台变压器只要联结组相同就可以并联运行。　　　　　　　　　　（　　）

8. 联结组不同的变压器（设并联运行的其他条件都满足）并联运行一定会烧坏。　　　　　　　　　　　　　　　　　　　　　　　　　　　　　　（　　）

9. 变压比不相等的变压器（设并联运行的其他条件都满足）并联运行一定会烧坏。　　　　　　　　　　　　　　　　　　　　　　　　　　　　　（　　）

10. 短路电压相等的变压器（设并联运行的其他条件都满足）并联运行，各变压器按其容量大小成正比地分配负载电流。　　　　　　　　　　　　　　　（　　）

11. 新的或经过大修的变压器投入运行后，应检查变压器的声音变化。　（　　）

12. 变压器短时负载而报警，解除音响报警后，可以不做记录。　　　　（　　）

13. 变压器绕组匝间或层间短路会使油温升高。　　　　　　　　　　　（　　）

14. 硅钢片间绝缘老化后，变压器空载损耗不会变大。　　　　　　　　（　　）

15. 铁芯片间绝缘损坏时，将使变压器发出异常声响。　　　　　　　　（　　）

16. 当铁芯多点接地或接地不良时，可能引起铁芯发热、油温升高、油色变黑等现象。　　　　　　　　　　　　　　　　　　　　　　　　　　　　（　　）

17. 变压器绕组导线焊接不良，可能使变压器发出异常声音。　　　　　（　　）

18. 造成变压器油发出"咕嘟"声的原因可能是绝缘板绝缘性能变差。　（　　）

（三）简答题

1. 什么是变压器绕组的星形接法？它有什么优缺点？

2. 变压器为什么要并联运行？并联运行的条件是什么？

3. 两台容量不同的变压器并联运行时，大容量的阻抗电压应该大一点好、一样好，还是小一点好？为什么？

4. 简述变压器绕组匝间或层间短路故障的原因及处理方法。

5. 简述变压器绕组接地或相间短路故障的原因及处理方法。

6. 简述变压器绕组变形与断线故障的原因及处理方法。

7. 简述变压器套管闪络故障的原因及处理方法。

8. 简述调压分接开关烧损的原因及处理方法。

二、任务评价

1. 任务评价标准（表2-5）

表2-5　任务评价标准

任 务 检 测		分值	评 分 标 准	学生自评	教师评估	任务总评
任务知识和技能内容	三相变压器的铭牌	15	（1）单相与三相变压器铭牌技术数据的区别（5分） （2）理解铭牌上技术数据表征的意义（10分）			
	三相变压器的联结组	45	（1）理解三相变压器的磁路系统（5） （2）掌握星形接法和三角形接法（10分） （3）熟悉星形接法的优缺点（5分） （4）熟悉三角形接法的优缺点（5分） （5）理解三相芯式变压器绕组的联结组（10分） （6）掌握三相变压器绕组联结组的判别方法（10分）			
	三相变压器的并联运行	20	（1）掌握三相变压器并联运行工作原理（10分） （2）熟悉三相变压器并联运行的优点（5分） （3）熟悉三相变压器并联运行的条件（5分）			
	三相变压器的使用与维护	10	（1）了解三相变压器投入运行前的检查内容（5分） （2）了解三相变压器投入运行后的检查内容（5分）			
	三相变压器常见故障原因分析与处理	10	（1）熟悉三相变压器检查、分析方法（5分） （2）熟悉三相变压器故障的处理方法（5分）			

2. 技能训练与测试

（1）练习三相变压器故障的检查和分析。

（2）练习三相变压器故障的处理。

技能训练评估表见表2-6。

表2-6　技能训练评估表

项　　目	完成质量与成绩
故障检查	
故障分析	
故障处理	

三、任务小结

（1）三相变压器铭牌上的主要技术数据跟单相变压器基本一致，只是三相变压器比单相变压器多一个联结组标号。

（2）三相组合式变压器是由三台单相变压器按一定连接方式组合而成的，其特点是各相磁路互不相关。

（3）三相芯式变压器是三相共用一个铁芯的变压器，其特点是各相磁路互相关联。

（4）将三个高压绕组或三个低压绕组连成三相绕组时，有两种基本接法——星形（Y）接法和三角形（△）接法。

（5）星形接法是将三个绕组的末端连在一起，接成中性点，再将三个绕组的首端引出箱外。

（6）三角形（△）接法是将三个绕组的各相首尾相接构成一个闭合回路，把三个连接点接到电源上。根据首尾连接的顺序不同，可分为正相序和反相序两种接法。

（7）一次绕组三角形接法用 D 表示，星形接法用 Y 表示，有中线时用 YN 表示；二次绕组分别用小写的 d、y 和 yn 表示。一次、二次绕组不同的接法形成了不同的联结组，也反映出不同的一次侧、二次侧的线电压之间的相位关系。

（8）三相变压器的并联运行是指几台三相变压器的高压绕组及低压绕组分别连接到高压电源及低压电源母线上，共同向负载供电的运行方式。

（9）为了使变压器能正常地投入并联运行，各并联运行变压器必须满足以下条件；

① 一、二次绕组电压应相等，即变压比应相等。

② 联结组必须相同。

③ 短路阻抗（即短路电压）应相等，实际并联运行的变压器，其变比不可能绝对相等，其短路电压也不可能绝对相等，允许有极小的差别，但变压器的联结组必须相同。

（10）变压器的常见故障很多，究其原因可分为两类。一类是因为电网、负载的变化使变压器不能正常工作，如变压器过负荷运行、电网发生过电压、电源供电质量差等；另一类是变压器内部元件发生故障，降低了变压器的工作性能，使变压器不能正常工作。

项目三

特殊变压器

任务一 自耦变压器

 知识目标

（1）了解自耦变压器的用途和特点。
（2）掌握自耦变压器的原理及使用方法。
（3）了解自耦变压器的优缺点。

 技能目标

（1）掌握自耦变压器的正确、安全使用方法。
（2）掌握自耦变压器的检测及维护方法。

 基本知识

一、自耦变压器的用途及特点

普通变压器通过一次、二次绕组电磁耦合来传递能量，一次、二次绕组之间没有直接的电的联系。自耦变压器的结构却有很大不同，即一次侧、二次侧共用一个绕组，一次侧、二次侧绕组不但有磁的联系，还有直接的电的联系。

把自耦变压器的二次侧输出改成活动触点，可以接触绕组中任意位置，使输出电压任意改变而实现调压的功能。自耦变压器按相数可分为单相自耦变压器和三相自耦变压器。其外形结构及原理图见表3-1。

表 3-1 自耦变压器外形结构及原理图

类　型	外形结构图	示　意　图	原　理　图
单相自耦变压器		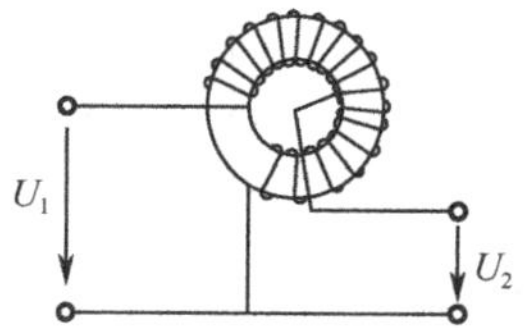	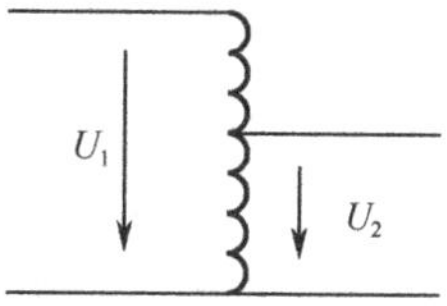

续表

类　　型	外形结构图	示　意　图	原　理　图
三相自耦 变压器	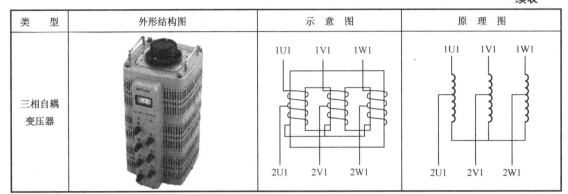		

自耦变压器常用于升压、大容量的异步电动机降压启动，以及把 110kV、150kV、220kV、230kV 的高压电力系统连接成大规模的动力系统等方面。

二、自耦变压器的原理

前述的变压器的一次侧、二次侧都是分开绕制的，虽然都装在一个铁芯上，但相互是绝缘的，只有磁路上的耦合，没有电路上的直接联系，能量是靠电磁感应传过去的，所以称为双绕组变压器。自耦变压器的结构却有很大不同，它的低压绕组就是高压绕组的一部分，即一次侧、二次侧共用一个绕组，如图 3-1 所示。

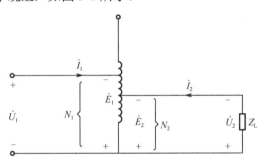

图 3-1　自耦变压器原理图

1. 变比

一次、二次绕组不仅有磁的联系，还有直接的电的联系，根据电磁感应定律和变压器原理，分析图 3-1 可知：

$$U_1 \approx E_1 = 4.44fN_1\Phi_{\mathrm{m}}$$
$$U_2 \approx E_2 = 4.44fN_2\Phi_{\mathrm{m}}$$

因此

$$\frac{U_1}{U_2} \approx \frac{E_1}{E_2} = \frac{N_1}{N_2} = K \geqslant 1 \qquad （3-1）$$

式中，　N_1 ——一次侧绕组的匝数；

N_2 ——二次侧绕组的匝数。

2. 绕组中公共部分的电流

从式（3-1）可知，因为输入电压 U_1 不变，主磁通 Φ_m 也不变，所以空载时的磁动势和负载时的磁动势是相等的，即有

$$N_1 I_1 + N_2 I_2 = N_1 I_0$$

因为空载电流 I_0 很小，可忽略，则有

$$N_1 I_1 \approx N_2 I_2$$

$$I_1 = \frac{N_2}{N_1} I_2 = \frac{1}{K} I_2 \tag{3-2}$$

由式（3-2）可见，一次侧电流 I_1 与二次侧电流 I_2 的相位是一样的，只是大小有差别。可以知道绕组中公共部分的电流

$$I = I_2 - I_1 = (K-1)I_1 \tag{3-3}$$

当 K 接近于 1 时，绕组中公共部分的电流 I 就很小，因此对于共用的这部分绕组，导线的截面积就可以减少，从而减少了变压器的体积和质量。

3. 自耦变压器输出功率

自耦变压器输出的视在功率（不计损耗）为

$$S_2 = U_2 I_2 = U_2 (I + I_1) = U_2 I + U_2 I_1 = S_2' + S_2'' \tag{3-4}$$

在传输的总容量 S_2 中，$S_2' = U_2 I$ 是 1U1、1U2 绕组与 2U1、2U2 绕组之间电磁感应传递的能量，而 $S_2'' = U_2 I_1$ 是通过电路直接从一次侧传递过来的。这是自耦变压器在能量传递方式上与一般变压器的区别，而且这两部分传递能量的比例完全取决于变比 K，可以得出

$$S_2' = \left(1 - \frac{1}{K}\right) S_2 \qquad S_2'' = \frac{1}{K} S_2 \tag{3-5}$$

式（3-5）说明，靠电磁感应传递的能量占总能量的 $\left(1 - \dfrac{1}{K}\right)$，而从电路直接输送的能量占 $\dfrac{1}{K}$。由此可见，当 $K = 1$ 时，能量全部靠电路导线传过来；当 $K = 2$ 时，S_2' 和 S_2'' 各占一半，二次侧从绕组中间引出，$I = I_1$，绕组中公共部分的电流没有减少，省铜效果已不明显；当 $K = 3$ 时，$S' = (2/3)S_2$，$S'' = (1/3)S_2$，电路传输的能量少，而靠电磁感应输送的能量多，而且 $I = 2I_1$，公共部分绕组电流增加了，导线也要加粗。由此可见，当变比 $K > 2$ 时，自耦变压器的优点就不明显了，所以自耦变压器通常工作在变比 $K = 1.2 \sim 2$。

三、自耦变压器的优缺点

1. 自耦变压器的优点

（1）可改变输出电压。

（2）用料省、效率高。自耦变压器的功率传输中，除了因绕组间电磁感应原理而传递的功率，还有一部分是由电路相连直接传导的功率，后者是普通双绕组变压器所没有的，因此自耦变压器较普通双绕组变压器用料省、效率高。

2. 自耦变压器的缺点

（1）因一次、二次绕组是相通的，高压侧（电源）的电气故障会波及低压侧，如高压绕组绝缘被破坏，高电压可直接进入低压侧，这是很不安全的，所以低压侧应有防止过电压的保护措施。

（2）如果在自耦变压器的输入端把相线和零线接反，虽然二次侧输出电压大小不变，仍可正常工作，但这时输出"零线"已经为"高电位"，是非常危险的，如图3-2所示。

为此，规定自耦变压器不准作为安全隔离变压器用，而且使用时要求自耦变压器接线正确，外壳必须接地。接自耦变压器电源前，一定要把手柄转到零位。

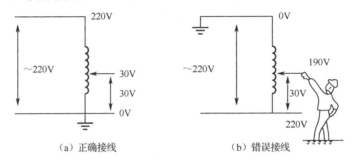

图 3-2　单相自耦变压器的接法

基本技能

一、自耦变压器的使用注意事项

（1）由于自耦变压器的一次侧、二次侧有直接的电的联系，为防止高压侧单相接地故障而引起的低压侧电压升高，用在电网中的自耦变压器的中性点必须可靠接地。

（2）由于一次侧、二次侧有直接的电的联系，高压侧过电压时，会引起低压侧严重过电压。为避免这种危险，须在一次侧、二次侧都加装避雷器。

（3）由于自耦变压器短路阻抗较小，其短路电流较普通变压器大，因此必要时须采取限制短路电流的措施。

（4）运行中注意监视公用绕组的电流，使之不过负荷，必要时可调整第三绕组的运行方式，以增加自耦变压器的交换容量。

二、自耦变压器常见故障和处理方法

自耦变压器常见故障及处理方法见表3-2。

表 3-2　自耦变压器常见故障及处理方法

故　障	处 理 方 法
引出线端头断裂	（1）如果断裂线头处在线圈最外层，可掀开绝缘层，挑出线圈上的断头，焊上新的引出线，包好绝缘层即可 （2）若自耦变压器断裂线端头处在线圈内层，一般无法修复，需要拆开重绕

故　　障	处 理 方 法
一次、二次绕组匝间短路或层间短路	（1）如果短路发生在线圈的最外层，可掀去绝缘层，在短路处局部加热（对浸过漆的绕组，可用电吹风加热），待漆膜软化后，用薄竹片轻轻挑起绝缘已被破坏的导线，若线芯没损伤，可插入绝缘纸，裹住后按平；若线芯已损伤，应剪断，去除已短路的一匝或多匝导线，两端焊接后垫妥绝缘纸，按平。用以上两种方法修复后均应涂上绝缘漆，吹干，再包上外层绝缘 （2）如果故障发生在无骨架线圈两边沿口的上、下层之间，一般也可按上述方法修复。若自耦变压器故障发生在线圈内部，一般无法修理，须拆开重绕
线圈对铁芯短路	参照匝间短路的处理方法
铁芯噪声过大	（1）如果是电磁噪声，属于自耦变压器设计原因的，可换用质量较好的同规格硅钢片；属于其他原因的，应减轻负荷或排除漏电故障 （2）如果是机械噪声，应压紧铁芯
线圈漏电故障	（1）若是受潮，只要烘干后故障即可排除 （2）若是绝缘老化，严重的一般较难排除，轻度的可拆去外层包缠的绝缘层，烘干后重新浸漆
线圈过热故障	要对症下药，减小负荷或加强绝缘，排除短路故障等
铁芯过热故障	（1）减小负荷，加强铁芯绝缘 （2）改善硅钢片质量，调整自耦变压器线圈匝数等
输出侧电压下降	（1）增加电源输入电压值 （2）排除短路、漏电过载等故障，使输出达到额定值
出口短路	（1）更换自耦变压器绕组，消除短路 （2）修补绝缘，并进行浸漆干燥处理
套管不良	（1）清除瓷套管外表面的积灰和脏污 （2）若套管密封不严或绝缘受潮劣化，则应更换套管

三、自耦变压器的拆卸、检测与维护训练

1. 训练内容

通过拆卸自耦变压器，并进行简单检测及维护，了解自耦变压器的基本结构并掌握正确的使用、检测与维护方法。

2. 工具、仪器仪表及材料

（1）电工工具一套（验电笔、一字和十字螺钉旋具、钢丝钳、尖嘴钳、斜口钳、剥线钳、电工刀等），扳手一把。

（2）三相自耦变压器一台。

（3）万用表、兆欧表各一只。

3. 训练步骤

自耦变压器的拆卸、检测与维护步骤见表3-3。

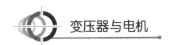

表 3-3 自耦变压器的拆卸、检测与维护步骤

步　骤	图　示	描　述
熟悉自耦变压器		认真观察三相可调自耦变压器的外形结构和固定方式，以便拆卸。用抹布清洁自耦变压器外壳，进行外围的维护工作
测量一次绕组直流电阻值		用万用表的 200Ω 挡分别测量三相一次绕组直流电阻值（绕组已经接成星形，"0"端子为公共端），其余两相绕组的测量方法相同。正常情况下，三相一次绕组直流电阻值基本相等
测量二次绕组直流电阻值		用万用表的 200Ω 挡分别测量三相二次绕组直流电阻值，方法与上述一次绕组测量相同，其余两相绕组的测量方法相同。正常情况下，三相二次绕组直流电阻值基本相等
测量绕组与外壳间的绝缘电阻值		按兆欧表的正确使用方法进行验表。验表正常后将兆欧表的"L"端子与绕组的任意一端子相接，"E"端子与自耦变压器的接地螺钉可靠接触，用正确方法摇动兆欧表进行绝缘电阻值的测量。测得阻值应接近∞，如果小于1MΩ，说明自耦变压器有漏电现象，不能正常使用
拆卸外壳锁紧螺钉		三相自耦变压器的外壳锁紧螺钉较长，使用活扳手和电工钳进行拆卸
拆卸调节旋钮和刻度盘		用旋具将调节旋钮侧孔的螺钉拧松，取下调节旋钮；将刻度盘的四个螺钉取下，并将刻度盘取下
拆卸外壳		待外壳锁紧螺钉、调节旋钮和刻度盘取下后，将自耦变压器的外壳取出来；认真观察自耦变压器的内部结构，旋转调节旋钮，观察触片与绕组的接触情况；用抹布小心地将绕组及其他装置上的灰尘抹去，做内部维护

4. 按步骤操作，并记录测量结果

实验数据表见表 3-4。

表 3-4　实验数据表

测 试 项 目	实 测 值	正 常 值	是否正常
一次绕组直流电阻值			
二次绕组直流电阻值			
绕组与外壳间的绝缘电阻值			

 任务评价

一、思考与练习

（一）填空题

1. 自耦变压器一次侧和二次侧之间既有_____的联系，又有_____的联系。

2. 自耦变压器的输出视在功率由两部分组成，一部分是通过_____从一次侧传递到二次侧的视在功率，另一部分是通过_____从一次侧传递到二次侧的视在功率。

3. 为了充分发挥自耦变压器的优点，其一般工作在_____ ～_____。

4. 三相自耦变压器一般接在_____。

（二）判断题

1. 自耦变压器绕组公共部分的电流，在数值上等于一次侧、二次侧电流数值之和。（　　）

2. 当自耦变压器作为降压变压器使用时，它可以作为安全隔离变压器使用。（　　）

3. 自耦变压器一次侧从电源吸取的电功率，除一小部分损耗在内部外，其余的全部经一次侧、二次侧之间的电磁感应传递到负载上。（　　）

4. 自耦变压器较普通变压器用料省、效率高。（　　）

（三）简答题

自耦变压器为什么不能作为安全变压器使用？使用中应注意什么问题？

二、任务评价

1. 任务评价标准（表 3-5）

表 3-5　任务评价标准

任 务 检 测		分值	评 分 标 准	学生自评	教师评估	任务总评
任务知识和技能内容	自耦变压器的认知	10	（1）与普通变压器的区别（5分） （2）使用在哪些地方（5分）			
	自耦变压器的结构	20	（1）理解单相自耦变压器的结构（10分） （2）理解三相自耦变压器的结构（10分）			

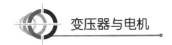

任务检测		分值	评分标准	学生自评	教师评估	任务总评
任务知识和技能内容	自耦变压器的工作原理	20	（1）自耦变压器的变比（7分） （2）绕组中公共部分的电流（7分） （3）自耦变压器的输出功率（6分）			
	自耦变压器的优缺点	10	（1）自耦变压器的优点（4分） （2）自耦变压器的缺点（6分）			
	自耦变压器的使用方法	10	（1）掌握使用注意事项（6分） （2）掌握安全防护方法（4分）			
	常用自耦变压器的认知	10	（1）掌握自耦变压器的拆装方法（5分） （2）掌握自耦变压器的维护方法（5分）			
	自耦变压器的故障判断和检修	20	（1）根据故障能正确做出判断（5分） （2）根据故障能正确指出修理方法（15分）			

2. 技能训练与测试

（1）练习常用自耦变压器的认知。

（2）练习自耦变压器故障判断和检修。

技能训练评估表见表3-6。

表3-6 技能训练评估表

项　　目	完成质量与成绩
拆装	
认知	
故障判断和检修	

三、任务小结

（1）普通的变压器通过一次、二次绕组电磁耦合来传递能量，一次、二次绕组之间没有直接的电的联系。自耦变压器的结构却有很大不同，即一次侧、二次侧共用一个绕组，一次、二次绕组不但有磁的联系，还有直接的电的联系。

（2）实验室里常常用到自耦变压器。把自耦变压器的二次侧输出改成活动触点，可以接触绕组中任意位置，使输出电压任意改变，从而实现调压的功能。

（3）自耦变压器按相数可分为单相自耦变压器和三相自耦变压器。

（4）自耦变压器的优点：可改变输出电压，用料省、效率高。

（5）自耦变压器的缺点：因一次、二次绕组是相通的，高压侧的电气故障会波及低压侧，如高压绕组绝缘破坏，高电压可直接进入低压侧，这是很不安全的，所以低压侧应有防止过电压的保护措施；如果在自耦变压器的输入端把相线和零线接反，虽然二次侧输出电压大小不变，仍可正常工作，但这时输出"零线"已经为"高电位"，非常危险。

（6）变比的关系 $\dfrac{U_1}{U_2} \approx \dfrac{E_1}{E_2} = \dfrac{N_1}{N_2} = K \geq 1$。

任务二　电焊变压器

知识目标

（1）了解电焊变压器的结构特点。
（2）掌握电焊变压器的类型及原理。

技能目标

（1）掌握电焊变压器的正确、安全使用方法。
（2）掌握电焊变压器的故障分析及处理方法。

基本知识

一、电焊变压器的结构特点

电焊变压器实质上是一个特殊性能的降压变压器（图 3-3）。为了保证焊接质量和电弧燃烧的稳定性，电焊变压器应满足以下条件。

（1）二次侧空载电压应为 60～75V，以保证容易起弧。同时为了安全，空载电压最高不超过 85V。

（2）具有陡降的外特性，即当负载电流增大时，二次侧输出电压应急剧下降，通常额定运行时的输出电压 U_{2N} 为 30V 左右（电弧上电压）。其外特性如图 3-4 所示。

图 3-3　电焊变压器

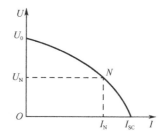

图 3-4　电焊变压器的外特性

（3）短路电流 I_k 不能太大，以免损坏电焊变压器，同时要求电焊变压器有足够的电动稳定性和热稳定性。焊条开始接触工件而短路时，产生一个短路电流，引起电弧，然后焊条再拉起产生一个适当的电弧间隙。所以，电焊变压器要能承受这种短路电流的冲击。

（4）为了适应不同的加工材料、工件大小和焊条，焊接电流应能在一定范围内调节。

为了满足以上要求，电焊变压器必须具有较大的漏抗，而且可以调节。因此，电焊变压器的结构特点是铁芯的气隙比较大，一次、二次绕组不是同心套装在一个铁芯柱上，而是分装在不同的铁芯柱上，再用磁分路法、串联电抗器法及改变二次绕组的接法等来调节焊接电流。

二、电焊变压器的类型及原理

影响变压器外特性的主要因素是一次、二次绕组的漏抗，以及负载功率因数。由于焊接加工属于电加热性质，故负载功率因数基本上都一样，所以不必考虑。而改变漏抗可以达到调节输出电流的目的，根据形成漏抗和调节方法的不同，下面介绍几种不同的电焊变压器。

（一）可调电抗器的电焊变压器

可调电抗器的电焊变压器，根据结构不同可分为外加电抗器式和共轭式。

1. 外加电抗器式

外加电抗器式电焊变压器是在一台降压变压器的二次侧输出端再串接一台可调电抗器组合而成的。为了调节二次侧空载电压，在一次绕组中备有分接头。外加电抗器式电焊变压器输出电流的调节主要通过改变电抗器的气隙大小来实现，如气隙减小，电抗增大，电焊机输出外特性下降陡度增大，电流减小。

2. 共轭式

共轭式电焊变压器是将变压器铁芯和电抗器铁芯制成一体构成共轭式结构（有部分磁轭是共用的）。它除了变压器一次、二次绕组，还有电抗线圈和动铁芯。变压器二次绕组是与电抗器线圈串联的，设 E_X 是电抗器上的电动势，E_2 是变压器二次侧电动势，当两者顺极性串联时，输出电压为两者之和；当两者反极性串联时，输出电压为两者之差。

可调电抗器的电焊变压器见表 3-7。

表 3-7　可调电抗器的电焊变压器

特性＼类型	外加电抗器式	共 轭 式
结构	一台降压变压器的二次侧输出端再串接一台可调电抗器组合而成	将变压器铁芯和电抗器铁芯制成一体构成共轭式结构
原理接线图		
外特性		
调节特点	通过改变电抗器的气隙大小来实现，如气隙减小，电抗值增大，电流减小	只要调节电抗器铁芯中间的动铁芯，通过改变气隙来改变 E_X 的大小和电抗值，从而改变 E_X 曲线的下降陡度，达到改变电流的目的

（二）动铁式电焊变压器

动铁式电焊变压器在铁芯的两柱中间又装了一个活动的铁芯柱，称为动铁芯，如图 3-5（a）所示。一次绕组绕在左边的铁芯柱上，而二次绕组分为两部分，一部分在左边与一次绕组同在一个铁芯柱上，另一部分在右边的铁芯柱上。当改变二次绕组的接法时就达到改变匝数和改变漏抗的目的，从而起到改变起始空载电压和改变电压下降陡度的作用，以上是粗调，如图 3-5（b）所示，粗调有Ⅰ和Ⅱ两挡。

如果要微调电流，则要微调中间动铁芯的位置。如果把动铁芯从铁芯的中间逐步往外移动，那么从动铁芯中漏过的磁通会慢慢地减少。因为动铁芯往外移动，气隙增大，磁阻也增大，漏磁通就减少，漏抗随之减少，电流下降速度就慢，如图 3-5（c）所示。当连接片接在Ⅰ位置时（粗调电流），次级绕组匝数较多，所以空载电压较高，为曲线1、2。这时把动铁芯移到最里面，则漏磁通最多，漏抗最大，曲线下降最陡，即曲线1；反之，把动铁芯慢慢移出来，曲线就慢慢向曲线2靠近。如果工作电压为 30V，工作电流就会从 60A 左右慢慢向 170A 变化，这就是微调电流的原理。

当粗调节器放在Ⅱ位置时，由于二次绕组匝数少了，空载电压从 70V 降到 60V，曲线3、4 的陡度也小了。同前面分析的一样，当动铁芯从最里面移动到最外面时，工作电流将从 130A 左右慢慢向 450A 变化，如图 3-5（c）所示。

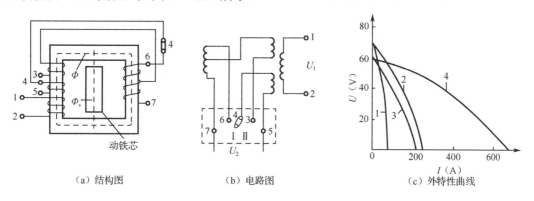

（a）结构图　　　　　　（b）电路图　　　　　　（c）外特性曲线

图 3-5　动铁式电焊变压器

（三）动圈式电焊变压器

前面两种变压器的一次、二次绕组是固定不动的，只改变动铁芯位置，即改变气隙大小来改变漏磁通的大小，从而改变漏抗大小，达到改变曲线的下降陡度、调节电流的目的。动圈式电焊变压器的铁芯采用壳式结构，铁芯气隙是固定不可调的，如图 3-6 所示。一次绕组固定在铁芯下部，二次绕组置于它的上面，并且可借助手轮转动螺杆使二次绕组上下移动，从而改变一次、二次绕组的距离，调节漏磁通的大小，以改变漏抗。显然，一次、二次绕组越近则耦合越紧，漏抗越小，输出电压越高，下降陡度越小，输出电流越大；反之则电流越小。以上介绍的是微调。还可通过将一次和二次部分绕组接成串联或并联（它们均由两部分线圈构成）来扩大调节范围，这是电焊变压器的粗调。

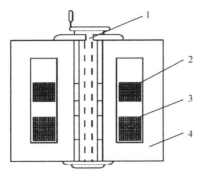

1—二次绕组手轮转动螺杆；2—可动二次绕组；3—固定的一次绕组；4—铁芯

图 3-6 动圈式电焊变压器

动圈式电焊变压器的优点是没有活动铁芯，不会因铁芯振动而造成电弧不稳定。但是它在绕组距离较近时，调节作用会大大减弱，需要加大绕组的间距，铁芯要做得较高，增加了硅钢片的用量。

 基本技能

一、电焊变压器常见故障和处理方法

电焊变压器常见故障及处理方法见表 3-8。

表 3-8 电焊变压器常见故障及处理方法

故　　　障	处　理　方　法
变压器过载	对过载使用的弧焊机，根据焊机容量及工作规定范围进行调整
变压器绕组短路未发觉，继续使用使变压器过热	（1）如绕组短路，应取出绕组进行检测，找出短路处 （2）若短路在绕组外几层，可先将绕组预烘，将外层几匝放开，清除老化的旧绝缘物，包上规定层数的新绝缘物
接线处螺栓松动或腐蚀，使接触处电阻过大，造成导线发热	（1）若为焊机导线接触处螺栓松动，则用扳手拧紧 （2）若螺栓、螺母锈蚀，则进行更换
电流调节失灵，使电流不稳	检查控制绕组，如有短路处应及时修复，同时将控制回路接触不良的情况排除或更换被击穿的硅元件，使电流调节正常、灵活
焊接过程中焊机动铁芯位置不稳定，出现相对移动	检查焊机动铁芯的调节手柄和动铁芯固定的情况，如发现松动，应加以固定
变压器空载电压低，造成电弧不稳定和引弧困难	检查电源电压是否正常、绕组有无局部短路等现象
电抗器绕组绝缘损坏，使电流过大	检查电抗器绕组，如绝缘损坏或短路，应重新包好绝缘，消除短路
铁芯磁回路叠片绝缘损坏，出现涡流，引起电流变小	检查铁芯叠片绝缘情况及紧固绝缘螺杆等有无损坏，如叠片锈蚀、漆皮脱落，要清除干净，重新涂漆或更换叠片
焊接导线过长或者盘成圆盘形，加大电感，使电流变小	焊接导线过长，应剪去一段，并把焊接导线拉开放置

二、交流弧焊机的拆卸与检测训练

1．训练内容

通过拆卸交流弧焊机，了解交流弧焊机中电焊变压器的基本结构，并学习电焊变压器的故障检修方法。

2．工具、仪器仪表及材料

（1）电工工具一套（验电笔、一字和十字螺钉旋具、钢丝钳、尖嘴钳、斜口钳、剥线钳、电工刀等），扳手一把。

（2）交流弧焊机一台。

（3）万用表、兆欧表、单臂电桥各一只。

3．训练步骤

1）交流弧焊机的拆卸步骤

交流弧焊机的拆卸步骤见表 3-9。

表 3-9　交流弧焊机的拆卸步骤

步　　骤	图　　示	描　　述
熟悉交流弧焊机	 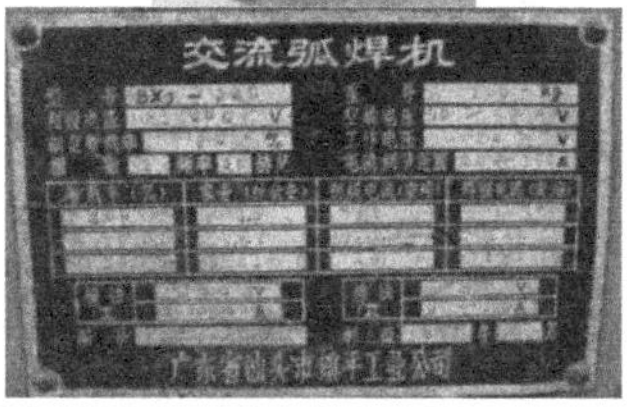	准备好一台交流弧焊机，通过对它的拆卸来了解交流弧焊机的基本结构及工作原理。首先认真观察外形、调整机构，然后仔细查阅铭牌参数
拆卸顶盖		用活扳手将输出电流调节摇把拆下，然后将顶盖四角的锁紧螺钉拆下，并取下顶盖装置

续表

步　骤	图　示	描　述
拆卸前罩		用一字螺钉旋具将交流弧焊机的前罩螺钉松开
取出前罩		待螺钉松脱后取出前罩，同时认真观察交流弧焊机的内部结构

2）操作电流调节机构

待前罩取出后，用抹布小心地将交流弧焊机上的灰尘清理干净。如图 3-7 所示，旋转调节输出电流的手轮摇把，可以看到电焊变压器二次绕组上下移动。

图 3-7　操作电流调节机构

3）测量一次、二次绕组的直流电阻值

首先用万用表估测一次、二次绕组的直流电阻值，然后用单臂电桥测一次、二次绕组的直流电阻值，并将数据记录在表 3-10 中。

4）测量一次、二次绕组的绝缘电阻值

测试方法同单相变压器的绝缘电阻值测量。

5）重新安装

安装步骤与拆卸步骤相反。

表 3-10　实验数据表

测 试 项 目	实 测 值	正 常 值	是 否 正 常
一次绕组直流电阻值			
二次绕组直流电阻值			
一次绕组绝缘电阻值			
二次绕组绝缘电阻值			

任务评价

一、思考与练习

（一）填空题

1. 电焊变压器是_____的主要组成部分，它具有_____的外特性。

2. 常用的电焊变压器有_____、_____和_____三种，它们用不同的方法，改变_____以达到调节输出电流的目的。

3. 外加电抗器式电焊变压器是一台_____变压器的二次侧输出端串接一台_____电抗器而组成的。它主要通过改变电抗器的_____大小来实现电流的调节。若气隙增大，电抗_____，输出电流_____。

4. 动铁式电焊变压器粗调焊接电流的方法是_____，微调焊接电流的方法是_____。

5. 动圈式电焊变压器的一次绕组和二次绕组越接近，耦合就越紧，输出电压越高，下降陡度越小，输出电流越大；反之，电流_____。

（二）判断题

1. 交流弧焊机的主要组成部分是漏抗较大且可调的电焊变压器。　　　　（　　）

2. 若要使动圈式电焊变压器的焊接电流最小，应使一次、二次绕组间的距离最大。
　　　　　　　　　　　　　　　　　　　　　　　　　　　　　　　（　　）

3. 动圈式电焊变压器的铁芯采用壳式结构，铁芯的气隙是可调的。　　（　　）

4. 交流弧焊机为了保证容易起弧，应具有 60～75V 的空载电压。　　（　　）

5. 交流弧焊机为了保证容易起弧，应具有 100V 的空载电压。　　　（　　）

6. 电焊变压器具有陡降的外特性，其电压调整率降低。　　　　　　（　　）

7. 电焊变压器的输出电压随负载电流的增大而略有增大。　　　　　（　　）

（三）简答题

1. 电焊变压器应满足哪些条件？

2. 动圈式电焊变压器是如何调节电流的？它有什么缺点？

3. 简述电焊变压器导线接线处过热的原因。

4. 简述焊接电流不稳定、引弧困难或电弧不稳定的原因。

5. 简述焊接输出电流反常的处理措施。

二、任务评价

1. 任务评价标准（表3-11）

表3-11　任务评价标准

任务检测		分值	评分标准	学生自评	教师评估	任务总评
任务知识和技能内容	可调电抗器的电焊变压器的结构及原理	20	（1）理解可调电抗器的电焊变压器的结构（5分） （2）掌握可调电抗器的电焊变压器的原理（5分）			
	动铁式电焊变压器的结构及原理	20	（1）理解动铁式电焊变压器的结构（10分） （2）理解动铁式电焊变压器的原理（10分）			
	动圈式电焊变压器的结构及原理	10	（1）了解动圈式电焊变压器的结构、原理（5分） （2）了解动圈式电焊变压器的优点（5分）			
	电焊变压器的结构特点	10	（1）了解电焊变压器的特点（4分） （2）了解电焊变压器应满足的工艺要求（6分）			
	电焊变压器的使用方法	10	（1）掌握使用注意事项（6分） （2）掌握安全防护方法（4分）			
	认识交流弧焊机	10	（1）掌握交流弧焊机的拆装方法（5分） （2）掌握交流弧焊机的维护方法（5分）			
	电焊变压器的故障判断和检修	20	（1）根据故障能正确做出判断（5分） （2）根据故障能正确指出修理方法（15分）			

2. 技能训练与测试

（1）练习交流弧焊机及电焊变压器的认知。

（2）练习电焊变压器的故障判断和检修。

技能训练评估表见表3-12。

表3-12　技能训练评估表

项　　目	完成质量与成绩
拆装	
认知	
故障判断和检修	

三、任务小结

（1）电焊变压器是交流弧焊机的主要组成部分，它实质上是一个特殊性能的降压变压器。

（2）电焊变压器应满足以下条件：二次侧空载电压应为60～75V，以保证容易起弧；具有陡降的外特性；短路电流不能太大，以免损坏交流弧焊机；为了适应不同的加工材料、工件大小和焊条，焊接电流应能在一定范围内调节。

（3）可调电抗器的电焊变压器根据结构不同可分为外加电抗器式和共轭式。

（4）动铁式电焊变压器是在铁芯的两柱中间又装了一个活动的铁芯柱，称为动铁芯，一次绕组绕在左边的铁芯柱上，而二次绕组分为两部分，一部分在左边与一次绕组同在一个铁芯柱上，另一部分在右边的铁芯柱上。当改变二次绕组的接法时就达到改变匝数和漏抗的目的。

（5）动圈式电焊变压器的优点是没有活动铁芯，不会因铁芯振动而造成电弧不稳定。

任务三　仪用变压器

知识目标

（1）熟悉仪用变压器的结构及原理。

（2）掌握仪用变压器的使用方法。

（3）熟练区分电流互感器和电压互感器的特性。

技能目标

（1）掌握仪用变压器的正确、安全使用方法。

（2）学会选用、维护和检修仪用变压器。

基本知识

一、仪用变压器的特点

要做一个直接测量大电流、高电压的仪表是很困难的，操作起来也十分危险。因此，人们利用变压器能改变电压和电流的功能，制造出特殊的变压器——仪用变压器（或称互感器）。把高电压变成低电压，就是电压互感器；把大电流变成小电流，就是电流互感器。利用互感器使测量仪表与高电压、大电流隔离，既可保证仪表和人身的安全，又可大大减少测量中能量的损耗，扩大仪表量程，便于仪表的标准化。因此，仪用变压器被广泛应用于交流电压、电流、功率的测量中，以及各种继电保护和控制电路中。

二、仪用变压器的结构和原理

1. 电流互感器

1）电流互感器的结构和工作原理

电流互感器结构上与普通双绕组变压器相似，也有铁芯和一次、二次绕组，但它的一次绕组匝数很少，只有一匝到几匝，导线都很粗，串联在被测的电路中，流过被测电流，被测电流的大小由用户负载决定，如图3-8所示。电流互感器的二次绕组匝数较多，它与电流表或功率表的电流线圈串联成为闭合电路，由于这些线圈的阻抗都很小，所以二次侧近似于短路状态。由于二次侧近似于短路，所以互感器一次侧的电压几乎为零，因为主磁通正比于一次侧输入电压，总磁势为零。根据变压器的变流原理 $\dfrac{I_1}{I_2}=\dfrac{N_2}{N_1}=K_I$，式中 K_I 为互感器的额定电流比；I_2 为二次侧所接电流表的读数，乘以 K_I，就是一次侧被测大电流的数值。

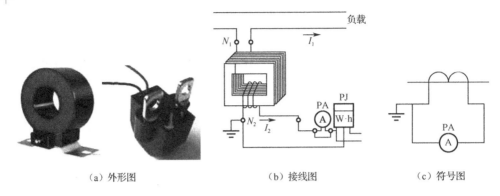

（a）外形图　　　　　　　（b）接线图　　　　　　　（c）符号图

图 3-8　电流互感器

电流互感器有干式、浇注绝缘式、油浸式等多种，如图 3-9 所示。

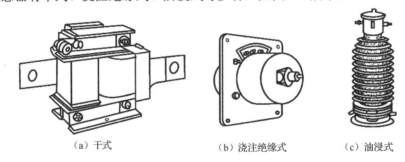

（a）干式　　　　　　　　（b）浇注绝缘式　　　　　　（c）油浸式

图 3-9　电流互感器的种类

电流互感器的型号由字母及数字组成，通常表示电流互感器绕组类型、绝缘种类、使用场所及电压等级等。电流互感器的型号格式为：

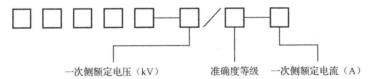

一次侧额定电压（kV）　　　准确度等级　一次侧额定电流（A）

含义如下。

第一位字母：L—电流互感器。

第二位字母：M—母线式，Q—线圈式，Y—低压式，D—单匝式，F—多匝式，A—穿墙式，R—装入式，C—瓷箱式。

第三位字母：K—塑料外壳式，Z—浇注式，W—户外式，G—改进型，C—瓷绝缘，P—中频。

第四位字母：B—过流保护，D—差动保护，J—接地保护或加大容量，S—速饱和，Q—加强型。

第五位数字表示设计序号。

例如，LFC-10/0.5-300 表示一次侧额定电压为 10kV 的多匝式瓷绝缘电流互感器，被测电流额定值为 300A，准确度等级为 0.5 级。

2）电流互感器使用中应注意的事项

① 运行中二次侧不得开路，否则会产生高压，危及仪表和人身安全，因此二次侧不能接

熔断器；运行中如要拆下电流表，必须先将二次侧短路。

② 电流互感器的铁芯和二次绕组一端要可靠接地，以免在绝缘被破坏时带电而危及仪表和人身安全。

③ 电流互感器的一次、二次绕组有同名端标记，二次侧接功率表或电能表的电流线圈时，极性不能接错。

④ 电流互感器二次侧负载阻抗大小会影响测量的准确度，负载阻抗的值应小于电流互感器要求的阻抗值，使电流互感器尽量工作在"短路状态"。并且所用电流互感器的准确度等级应比所接的仪表准确度高两级，以保证测量准确度。例如，一般仪表为 1.5 级，可配用 0.5 级电流互感器。

2. 电压互感器

1）电压互感器的结构和工作原理

电压互感器的原理和普通降压变压器是完全一样的，它的变压比更准确；电压互感器的一次侧接有高电压，而二次侧接有电压表或其他仪表（如功率表、电能表等）的电压线圈，如图 3-10 所示。因为这些负载的阻抗都很大，电压互感器近似运行在二次侧开路的空载状态，则有 $\dfrac{U_1}{U_2} = \dfrac{N_1}{N_2} = K$，式中 U_2 为二次侧电压表上的读数，只要乘以变比 K 就是一次侧的高压电压值。

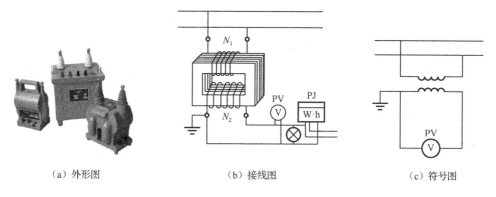

（a）外形图　　　　　　　（b）接线图　　　　　　　（c）符号图

图 3-10　电压互感器

电压互感器有干式、浇注绝缘式、油浸式等多种，如图 3-11 所示。

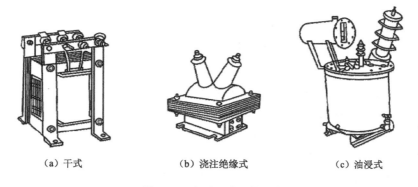

（a）干式　　　　　　　（b）浇注绝缘式　　　　　　　（c）油浸式

图 3-11　电压互感器的种类

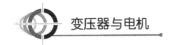

电压互感器的型号格式如下：

$$\Box\ \Box\ \Box\ \Box\ \Box\ \underline{\quad\quad}\Box$$

———— 一次侧额定电压（kV）

含义如下。

第一位字母：J—电压互感器。

第二位字母：D—单相，S—三相，C—串级式。

第三位字母：J—油浸式，G—干式，Z—浇注绝缘式。

第四位字母：B—带补偿绕组，J—接地保护，W—五柱三绕组。

第五位数字表示设计序号。

例如，JDG-0.5 表示单相干式电压互感器，额定电压为 500V。

2）电压互感器使用中应注意的事项

一般电压互感器二次侧额定电压都规定为 100V，一次侧额定电压为电力系统规定的电压等级，这样做的优点是二次侧所接的仪表电压线圈额定值都为 100V，可标准化。和电流互感器一样，电压互感器二次侧所接的仪表刻度实际上已经被放大了 K 倍，可以直接读出一次侧的被测数值。

选择电压互感器时，一要注意额定电压应符合所测电压值；二要注意二次侧负载电流总和不得超过二次侧额定电流，使它尽量接近"空载运行"状态。

使用中应注意的事项如下：

① 二次侧不能短路，否则会烧坏绕组。为此，二次侧要装熔断器。

② 铁芯和二次绕组的一端要可靠接地，以防绝缘被破坏时，铁芯和二次绕组带高电压。

③ 二次绕组接功率表或电能表的电压线圈时，极性不能接错。三相电压互感器和三相变压器一样，要注意连接方法，接错会造成严重后果。

④ 电压互感器的准确度与二次侧的负载大小有关，负载越大，即接的仪表越多，二次侧电流就越大，误差就越大。为了保证所接仪表的测量准确度，电压互感器要比所接仪表准确度高两级。

三、仪用变压器的运行与维护

1. 运行前的检查

1）电流互感器投入运行前的检查

电流互感器投入运行前，应按电气实验规程的交接实验项目进行实验，还应进行如下几项检查：

① 套管无裂纹、破损，无渗油、漏油现象。

② 引线和线卡子及各部件接触良好，无松动现象。

③ 外壳及二次侧回路接地良好，接地线紧固。

2）电压互感器投入运行前的检查

电压互感器投入运行前，应按电气实验规程的交接实验项目进行实验，还应进行如下几项检查：

① 充油电压互感器外观清洁，油量充足，无渗油、漏油现象。

② 瓷套管或其他绝缘介质无裂纹或破损。

③ 一次侧引线及二次侧回路各连接部分螺钉紧固，接触良好。

④ 外壳及二次侧回路接地良好。

2. 运行中的日常维护

1）电流互感器运行中的日常维护

运行中的电流互感器应保持清洁，定期进行检查，每1～2年进行一次预防性实验。

2）电压互感器运行中的日常维护

运行中的电压互感器应保持清洁，定期进行检查，每1～2年进行一次预防性实验。

3. 检修

1）电流互感器的检修

检修电流互感器时，若绝缘电阻值低于原始值，可能是绝缘受潮引起的，应进行烘干处理；运行中，若发生短路或过电压等状况，应采用强磁场退磁或大负载退磁，直到铁芯磁回路达到出厂时的要求。

2）电压互感器的检修

检修电压互感器时，拆装的现场和周围环境应保持清洁。油浸式电压互感器拆装后，吊出的器身应放在干净的木板上，并用洁净的布或厚纸包好，以保持清洁，防止异物落入，然后清洗箱盖和油箱；若绝缘受潮，应进行烘干处理；绕组因断路等故障烧毁时，应重绕。

 基本技能

一、电流互感器和电压互感器的比较

电流互感器和电压互感器的比较见表3-13。

表 3-13　电流互感器和电压互感器的比较

比 较 内 容	电流互感器	电压互感器
二次侧	运行中二次侧不得开路，否则会产生高压，危及仪表和人身安全，因此二次侧不能接熔断器；运行中如要拆下电流表，必须先将二次侧短路	电压互感器运行中，二次侧不能短路，否则会烧坏绕组。为此，二次侧要装熔断器保护
接地	电流互感器的铁芯和二次绕组一端要可靠接地，以免在绝缘被破坏时带电而危及仪表和人身安全	铁芯和二次绕组的一端要可靠接地，以防绝缘被破坏时，铁芯和绕组带高压电
连接方法	电流互感器的一次、二次绕组有同名端标记，二次侧接功率表或电能表的电流线圈时，极性不能接错	二次绕组接功率表或电能表的电压线圈时，极性不能接错。三相电压互感器和三相变压器一样，要注意连接方法，接错会造成严重后果
负载	电流互感器二次侧负载阻抗大小会影响测量的准确度，负载阻抗的值应小于互感器要求的阻抗值，使互感器尽量工作在"短路状态"。并且所用互感器的准确度等级应比所接的仪表准确度高两级，以保证测量准确度。例如，一般仪表为1.5级，可配用0.5级电流互感器	电压互感器的准确度与二次侧的负载大小有关，负载越大，即接的仪表越多，二次侧电流就越大，误差也越大。与电流互感器一样，为了保证所接仪表的测量准确度，电压互感器要比所接仪表准确度高两级

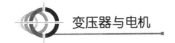

二、仪用变压器常见故障和处理方法

仪用变压器常见故障及处理方法见表3-14。

表3-14 仪用变压器常见故障及处理方法

故 障	处 理 方 法
发生过热现象	电流互感器发生过热、冒烟、流胶等现象，其原因可能是一次侧接线接触不良、二次侧接线板表面氧化严重、电流互感器内匝线间短路或一次、二次侧绝缘被击穿
二次侧开路	此时电流表突然无指示，电流互感器声音明显增大，在开路处附近可嗅到臭氧味和听到轻微的放电声。二次侧开路的危害有： ① 产生很高的电压，对设备和运行人员安全造成威胁 ② 铁芯损耗增加，严重发热，有烧坏设备的可能 ③ 铁芯产生磁饱和，使电流互感器误差增大 要先分清是哪一组电流回路故障、开路的相别、对保护有无影响，然后进行修复
内部有放电声或放电现象	若电流互感器表面有放电现象，可能是互感器表面过脏使得绝缘性能下降。内部放电是电流互感器内部绝缘性能下降，造成一次绕组对二次绕组及铁芯击穿放电
内部声音异常	电流互感器铁芯紧固螺钉松动、铁芯松动，硅钢片振动增大，发出不随一次负荷变化的异常声音；某些铁芯因硅钢片组装工艺不良，造成在空负荷或停负荷时有一定的嗡嗡声；二次侧开路时因磁饱和及磁通的非正弦性，使硅钢片振荡且振荡不均匀，发出较大的噪声；电流互感器严重过负荷，使铁芯振动声增大
当电流互感器在运行中出现以上现象之一时，应转移负荷，立即进行停电处理	

三、漏电开关拆卸与检测训练

1. 相关知识

通过检测并行缠绕在零序电流互感器上的两根零线和火线电流的平衡度来识别被测线路是否漏电。在正常情况下零线和火线的电流大小相等、方向相反，因此它们在零序电流互感器铁芯上产生的合磁通为零，此时互感器二次侧输出电压为零，保护电路不工作。当线路发生漏电时，零线和火线的电流大小不再相等，它们在零序电流互感器铁芯上产生的合磁通不再为零，从而在其二次侧感应出一个电动势——漏电信号，该信号经放大处理后，驱动电磁脱扣装置切断电源而达到保护目的。

2. 训练内容

通过拆卸漏电开关来认识电流互感器及其作用。

3. 工具、仪器仪表及材料

（1）电工工具一套（验电笔、一字和十字螺钉旋具、钢丝钳、尖嘴钳、斜口钳、剥线钳、电工刀等），扳手一把。

（2）漏电开关一台。

（3）万用表、兆欧表各一只。

4. 训练步骤

漏电开关的拆卸步骤见表 3-15。

表 3-15 漏电开关的拆卸步骤

步　　骤	图　　示	描　　述
熟悉漏电开关		认真观察漏电开关的外形结构和固定方式，以便拆卸。用抹布清洁外壳，进行外围的维护工作
拆卸外壳		用旋具将外壳锁紧螺钉拧松
观察电流互感器在漏电开关中的位置及安装方法		打开漏电开关外壳，观察电流互感器的位置
测量电流互感器二次绕组的直流电阻值		用万用表测量二次绕组的直流电阻值

任务评价

一、思考与练习

（一）填空题

1. 互感器是一种测量_____和_____的仪用变压器。用这种方法进行测量的优点是使测量仪表与_____、_____隔离，从而保证人身和仪表的安全，同时大大减少测量中的_____，扩大仪表的量程，便于仪表的_____。

2．电流互感器一次绕组的匝数_____，要_____连接被测电路；电压互感器一次绕组的匝数_____，要_____连接被测电路。

3．电流互感器二次侧的额定电流一般为_____A，电压互感器二次侧的额定电压一般为_____V。

4．用电流比为200/5的电流互感器与量程为5A的电流表测量电流，电流表读数为4.2A，则被测电流是_____A；若被测电流为180A，则电流表的读数为_____A。

5．在选择电流互感器时，必须按其_____、_____、_____及_____适当选取。

6．使用电流互感器时，其_____大小会影响测量的准确度，因此_____应小于互感器要求的阻抗值，并且所使用的互感器的准确度等级应比所接的仪表准确度_____两级，以保证测量的准确度。

7．用变压比为100/0.1的电压互感器和量程为100V的电压表测量电压，若电压表的读数为99.3V，则被测电压为_____V；若被测电压为9950V，则电压表的读数为_____V。

8．在选择电压互感器时，其额定电压应符合被测电压值，其次要使它尽量接近_____状态。

9．使用电压互感器时，其二次绕组接功率表或接电能表的_____线圈时，要注意_____不能接错。

10．电流互感器的二次侧严禁_____运行，电压互感器的二次侧严禁_____运行。

11．为了保证安全，互感器的_____和_____要可靠接地。

（二）判断题

1．利用互感器使测量仪表与高电压、大电流隔离，从而保证仪表和人身安全，又可大大减少测量中能量的损耗，扩大仪表量程，便于仪表的标准化。　　　　　　　（　　）

2．电流互感器的变流比等于二次侧匝数与一次侧匝数之比。　　　　　　（　　）

3．与普通变压器一样，当电流互感器二次侧短路时，将会产生很大的短路电流。
　　　　　　　　　　　　　　　　　　　　　　　　　　　　　　　　　（　　）

4．互感器负载的大小对测量的准确度有一定的影响。　　　　　　　　（　　）

5．为了防止短路造成的危害，在电流互感器和电压互感器二次侧电路中，都必须装设熔断器。　　　　　　　　　　　　　　　　　　　　　　　　　　　　　　　　（　　）

6．互感器既可以用于交流电路，又可以用于直流电路。　　　　　　　（　　）

7．正常运行中，电流互感器二次侧近似于短路状态，而电压互感器二次侧近似于开路状态。　　　　　　　　　　　　　　　　　　　　　　　　　　　　　　　　　（　　）

8．应根据测量准确度和电流要求来选用电流互感器。　　　　　　　　（　　）

（三）简答题

1．电流互感器工作在什么状态？电流互感器为什么严禁二次侧开路？为什么二次侧和铁芯要接地？

2．电压互感器工作在什么状态？电压互感器为什么二次侧不能短路？

3．电压互感器在使用中应注意什么？

二、任务评价

1. 任务评价标准（表3-16）

表3-16 任务评价标准

任 务 检 测		分值	评 分 标 准	学生自评	教师评估	任务总评
任务知识和技能内容	仪用变压器的特点	10	（1）电流互感器的特点（5分） （2）电压互感器的特点（5分）			
	电流互感器的结构与原理	20	（1）理解电流互感器的结构（10分） （2）理解电流互感器的运行原理（10分）			
	电压互感器的结构与原理	20	（1）理解电压互感器的结构（10分） （2）理解电压互感器的运行原理（10分）			
	电流、电压互感器的比较	20	（1）二次侧比较（5分） （2）接地比较（5分） （3）连接方法比较（5分） （4）负载比较（5分）			
	电流、电压互感器的使用方法	10	（1）电流互感器使用注意事项（5分） （2）电压互感器使用注意事项（5分）			
	常用仪用变压器认知	10	（1）掌握漏电开关的拆装方法（5分） （2）掌握漏电开关的运行原理（5分）			
	仪用变压器的故障判断和检修	10	（1）根据故障能正确做出判断（5分） （2）根据故障能正确指出修理方法（5分）			

2. 技能训练与测试

（1）认识常用仪用变压器。

（2）练习仪用变压器故障判断和检修。

技能训练评估表见表3-17。

表3-17 技能训练评估表

项　　目	完成质量与成绩
拆装	
认知	
故障判断和检修	

三、任务小结

（1）要做一个直接测量大电流、高电压的仪表是很困难的，操作起来也是十分危险的。因此，人们利用变压器能改变电压和电流的功能，制造出特殊的变压器——仪用变压器。把高电压变成低电压，就是电压互感器；把大电流变成小电流，就是电流互感器。

（2）利用仪用变压器使测量仪表与高电压、大电流隔离，既可保证仪表和人身的安全，又可大大减少测量中能量的损耗，扩大仪表量程，便于仪表的标准化。因此，仪用变压器被广泛用于交流电压、电流、功率的测量中，以及各种继电保护和控制电路中。

（3）电流互感器结构上与普通双绕组变压器相似，也有铁芯和一次、二次绕组，但它的一次绕组匝数很少，只有一匝到几匝，导线都很粗，串联在被测的电路中，流过被测电流，被测电流的大小由用户负载决定。

（4）电流互感器的型号由字母及数字组成，通常表示电流互感器绕组类型、绝缘种类、使用场所及电压等级等。

（5）电流和电压互感器有干式、浇注绝缘式、油浸式等多种。

（6）电压互感器的原理和普通降压变压器是完全一样的，它的变压比更准确；电压互感器的一次侧接有高电压，而二次侧接有电压表或其他仪表（如功率表、电能表等）的电压线圈。

项目四

交流电动机

任务一 单相交流异步电动机

知识目标

（1）了解单相交流异步电动机的基本结构。
（2）了解单相交流异步电动机的工作原理。
（3）了解单相交流异步电动机的技术参数。
（4）了解单相交流异步电动机的运行方式。

技能目标

（1）认识典型的单相交流异步电动机。
（2）会分析和解决单相交流异步电动机的故障。

电动机是将电能转化为机械能的一种旋转机械。按取用电能的种类，电动机可分为直流电动机和交流电动机两大类。交流电动机按工作原理又有异步电动机和同步电动机之分。按交流电源的相数，异步电动机又可分为单相异步电动机和三相异步电动机两大类。

单相交流异步电动机是指由 220V 单相交流电源供电而运转的异步电动机。因为 220V 电源供电非常方便经济，而且家庭生活用电都是 220V，所以单相交流异步电动机不但在生产中用量大，而且与人们的日常生活密切相关，尤其是随着人们生活水平的日益提高，其应用越来越多。

在生产方面应用的有微型水泵、磨浆机、脱粒机、粉碎机、切割机、木工机械、医疗器械等。在生活方面，有电风扇、吹风机、排气扇、洗衣机、电冰箱、空调等，种类较多，但功率较小，多在几瓦到几百瓦，个别情况下也有几千瓦的。

基本知识

一、单相交流异步电动机的结构

在单相交流异步电动机中，专用电动机占有很大比例，其结构形式很多，各有特点。但就其共性而言，电动机的结构主要由固定部分——定子、转动部分——转子、支撑部分——端

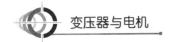

盖和轴承三大部分组成，如图 4-1 所示。

单相交流异步电动机的定子由定子铁芯和绕组组成。单相交流异步电动机的转子一般做成鼠笼形。

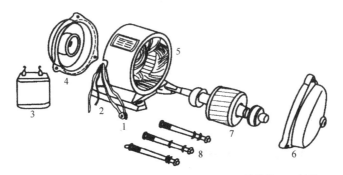

1—电源连接线；2—机座；3—电容器；4—后端盖；5—定子；6—前端盖；7—转子；8—紧固螺杆

图 4-1　单相交流异步电动机的一般结构

1. 机座

机座结构随电动机冷却方式、防护形式、安装方式和用途而异。按其材料分类，有铸铁、铸铝和钢板结构等几种。

铸铁机座带有散热筋。机座与端盖连接，用螺栓紧固。

铸铝机座一般不带散热筋。

钢板结构机座由 1.5～2.5mm 的薄钢板卷制、焊接而成，再焊上钢板冲压件的底脚。

有的专用电动机的机座相当特殊，如电冰箱的电动机，它通常与压缩机一起装在一个密封的罐子里。而洗衣机的电动机，包括甩干机的电动机，均无机座，端盖直接固定在定子铁芯上。

2. 定子

定子由定子铁芯和绕组组成，定子铁芯由硅钢片叠压而成，铁芯槽内嵌着两套独立的绕组，它们在空间上相差 90° 电角度，目的是改善启动性能和运行性能。一套称为主绕组（工作绕组），另一套称为副绕组（启动绕组）。定子绕组多采用高强度聚酯漆包线绕制。定子结构如图 4-2 所示。

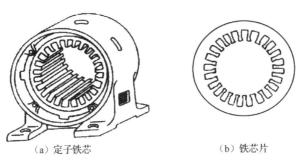

（a）定子铁芯　　　　　　　　（b）铁芯片

图 4-2　单相交流异步电动机定子结构

3. 转子

转子为鼠笼结构，如图 4-3 所示。在叠压成的铁芯上铸入铝条，再在两端用铝铸成闭合绕组（端环），端环与铝条形如鼠笼。

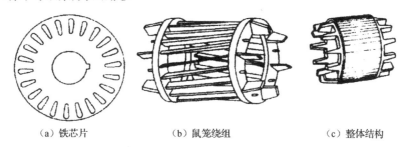

　　（a）铁芯片　　　　　　　　（b）鼠笼绕组　　　　　　　　（c）整体结构

图 4-3　单相交流异步电动机转子结构

4. 端盖

端盖分为前、后端盖。对于不同的机座材料，端盖有铸铁件、铸铝件和钢板冲压件之分。其主要作用是容纳轴承、支撑和定位转子以及保护定子绕组端部。

5. 轴承

按单相交流异步电动机容量和种类的不同，所用轴承有滚动轴承和滑动轴承。滑动轴承又分为轴瓦和含油轴承。

6. 启动电容器

启动电容器是用来启动单相交流异步电动机的交流电解电容器或聚丙烯、聚酯电容器。

7. 外壳

外壳的作用是罩住电动机的定子和转子，使其不受机械损伤，并防尘。

8. 铭牌

铭牌上的内容包括：电动机名称、型号、标准编号、制造厂名、出厂编号、额定电压、额定功率、额定电流、额定转速、绕组接法、绝缘等级等。

二、单相交流异步电动机的工作原理

当给三相交流异步电动机的定子三相绕组通入三相交流电时，会形成一个旋转磁场，在旋转磁场的作用下，转子将获得启动转矩而自行启动。

那么单相交流异步电动机在只有一相绕组的情况下，通以交流电后是否也能产生一个旋转磁场呢？下面来分析一下。

如图 4-4 所示，一个只嵌有一相绕组 U_1U_2 的定子，在 U_1U_2 绕组中通以正弦交流电 $i_U=I_m\sin\omega t$，并且规定：在交流电的正半周为 U_1 进 U_2 出，负半周为 U_2 进 U_1 出；取一个周期内的若干不同时刻，分别按电流方向和安培定则，画出各个时刻的定子磁场。

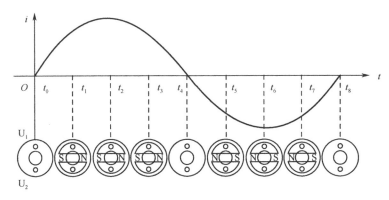

图 4-4 单相绕组形成的磁场

可以看出，在 t_0、t_4、t_8 时刻，由于 $i=0$，所以定子的磁场也为零，但在 t_1 和 t_5 时刻，绕组电流大小相等、方向相反，所以在这两个时刻形成的磁场强度相同、方向相反。同理，在 t_2 和 t_6 时刻、t_3 和 t_7 时刻也是磁场强度相同、方向相反。另外在 t_2 和 t_6 时刻，由于电流最强，所以磁场也最强。实际上，这个磁场也是一个随时间按正弦规律变化的磁场，前半周和后半周磁场方向相反，但大小却在不断变化，它是一个脉振磁场，是不旋转的，因此转子也不能转动。

那么如何才能使单相交流异步电动机产生旋转磁场呢？在定子中增加一相绕组，而且使这两相绕组在空间位置上相差 $90°$ 电角度，然后在这两相绕组中通以具有 $90°$ 相位差的两相交流电，即 $i_U=I_m\sin\omega t$，$i_Q=I_m\sin(\omega t+90°)$。为了研究方便，取五个特殊时刻，即 ωt 为 0、$\pi/2$、π、$3\pi/2$、2π，分别画出各时刻的定子磁场方向，如图 4-5 所示。

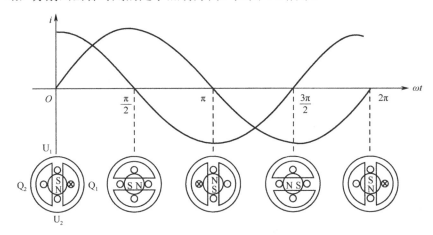

图 4-5 两相绕组形成的磁场

可以看出，在 0 到 $\pi/2$ 范围内，交流电变化了 $90°$ 电角度，磁场也逆时针转了 $90°$ 电角度，依此类推，如果电流变化一个周期（$360°$），磁场也正好逆时针转过了 $360°$ 电角度。磁场的确发生了旋转，而且当电流不断地随时间变化时，其磁场也就在空间不断地旋转，鼠笼转子在旋转磁场的作用下，就跟着旋转磁场向着同一个方向转动起来，这就是单相交流异步电动机的工作原理。

以上是一对磁极的情况，用同样的方法可以证明，当定子绕组为两对磁极时，电流变化一周，磁场只旋转半周。因此，单相交流异步电动机定子磁场转速 n_1 与电源频率 f_1 以及磁极

对数 p 之间存在 $n_1=60f_1/p$ 的关系。

通过以上分析得出结论：要使单相交流异步电动机能够自行启动，必须具备以下两个条件。

（1）要有两个在空间位置上相差 90°电角度的绕组，一个称为工作绕组，另一个称为启动绕组。

（2）要在两相绕组中通以 90°相位差的两相正弦交流电。

对于第一个条件，在制造时就能保证，但需要说明的是，单相交流异步电动机在启动之前，如果把启动绕组断开，则不能启动。但在启动后，若把启动绕组去掉，则单相交流异步电动机在一相绕组的情况下仍能继续旋转。这是因为脉动磁场可以分解为两个转向相反的磁场，从而对旋转中的转子产生同方向大于反方向的转矩。

对于第二个条件，由于是单相交流异步电动机，不可能用两相交流电源。因此，可以从一相交流电源变换而来，叫作分相，或者采用罩极启动，也可以达到同样的效果。

要解决单相交流异步电动机的启动问题，关键是使转子产生启动转矩，为此必须采用某些特殊启动装置。通常，在单相交流异步电动机的定子上嵌装两套绕组，一套是主绕组（工作绕组），用以产生主磁场；另一套是副绕组（启动绕组），用来与主绕组共同作用，产生合成的旋转磁场，使单相交流异步电动机得到启动转矩。

三、单相交流异步电动机的产品型号

单相交流异步电动机的产品型号是由系列代号、设计代号、机座代号、特征代号和特殊环境代号组成的，如图 4-6 所示。

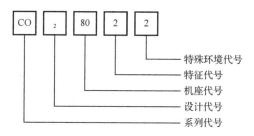

图 4-6 单相交流异步电动机的产品型号

例如，CO_28022 表示单相电容启动交流异步电动机，下标 2 表示是 CO 系列第二次设计产品，80 表示转轴的中心高度为 80mm，22 表示 2 号铁芯和 2 极电动机。

（1）系列代号：用字母表示单相交流异步电动机的基本系列，见表 4-1。

表 4-1 单相交流异步电动机的基本系列代号

基本系列产品名称	新 代 号	老 代 号
单相电阻启动交流异步电动机	YU	JZ、BO
单相电容启动交流异步电动机	YC	JY、CO
单相电容运行交流异步电动机	YY	JX、DO
单相电容启动和运行交流异步电动机	YL	E
单相罩极式交流异步电动机	YJ	F

（2）设计代号：在系列代号的右下脚，用数字表示设计代号，无设计代号的为第一次设计产品。

（3）机座代号：用两位数字表示电动机转轴的中心高度，标准中心高度有 45mm、50mm、56mm、63mm、71mm、80mm、90mm、100mm。

（4）特征代号：用两位数字分别表示电动机定子的铁芯长度和极数。常见电动机的极数有 2 极、4 极、6 极等。

（5）特殊环境代号（表 4-2）：表示该产品适用的环境，普通环境下使用的电动机无此代号。

表 4-2　单相交流异步电动机特殊环境代号

适 用 环 境	汉语拼音代码	适 用 环 境	汉语拼音代码
船用	H	湿带使用	TH
热带使用	T	高原使用	G
干热带使用	A	化工使用（防腐蚀）	F

四、单相交流异步电动机的技术参数

在单相交流异步电动机的外壳上都有一个铭牌，标有单相交流异步电动机的使用数据，包括以下内容。

（1）额定电压。额定电压是指单相交流异步电动机正常运行时的工作电压，即外施电源电压，一般采用标准系列值，主要有 12V、24V、36V、42V、220V。

（2）额定频率。额定频率是指单相交流异步电动机的工作电源频率，单相交流异步电动机是按此频率设计的。我国规定的额定频率一般为 50Hz，而国外有的为 60Hz。

（3）额定转速。额定转速是指单相交流异步电动机在额定电压、额定频率、额定负载下转轴的转动速度，单位是转/分钟（r/min）。

（4）额定功率。额定功率是指单相交流异步电动机在额定电压、额定频率和额定转速的情况下，转轴上可输出的机械功率。标准系列值有 0.4W、0.6W、1.0W、1.6W、2.5W、4W、6W、10W、16W、25W、40W、60W、90W、120W、180W、250W、370W、550W、750W 等。

（5）额定电流。额定电流是指单相交流异步电动机在额定电压、额定功率和额定转速的情况下，定子绕组的电流值。在此电流下，单相交流异步电动机可以长期正常工作。

（6）额定温升。额定温升是指单相交流异步电动机满载运行 4h 后，绕组和铁芯温度高于环境温度的值。我国规定标准环境温度为 40℃，对于 E 级绝缘材料，单相交流异步电动机的温升不应超过 75℃。

（7）效率。效率是指电动机在额定状态下运行时，输出功率与输入功率的比值。

（8）绝缘等级。我国家用电器用单相交流异步电动机的绕组绝大多数采用 E 级绝缘，其最高工作温度为 120℃。

（9）其他指标。有些电动机铭牌上还标有绕组接法、功率因数、启动电流和转矩、环境条件、工作方式（如连续、短时、断续运行等），以及电容器的容量和工作电压等。

五、单相交流异步电动机的运行方式

单相交流异步电动机根据其启动方法或运行方法不同，一般可分为以下几种基本形式：

（1）单相电阻启动异步电动机。

（2）单相电容运行异步电动机。

（3）单相电容启动异步电动机。

（4）单相电容启动和运行异步电动机。

（5）单相罩极式异步电动机。

其中前四种都属于分相式，下面分别介绍。

1. 单相电阻启动异步电动机

单相电阻启动异步电动机启动线路如图 4-7 所示，其特点是工作绕组 U_1U_2 的匝数较多，导线较粗，因此绕组的感抗远大于直流电阻，可近似地看作流过绕组中的电流滞后电源电压约 90°。而启动绕组 Z_1Z_2 的匝数较少，导线较细，又与启动电阻 R 串联，使该支路的总电阻远大于感抗，可近似认为电流与电源电压同相位。因此就可以看成工作绕组中的电流与启动绕组中的电流两者相位差接近 90°，从而在定子与转子及空气隙中产生旋转磁场，使转子产生转矩而转动。当转速达到额定值的 80% 左右时，离心开关 S 动作，把启动绕组从电源上切除。单相电阻启动异步电动机在电冰箱的压缩机中得到了广泛的应用。

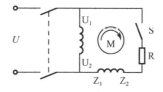

图 4-7　单相电阻启动异步电动机启动线路

2. 单相电容运行异步电动机

这种单相交流异步电动机应用较为广泛，其原理图如图 4-8 所示。在定子铁芯上嵌放两套绕组：主绕组 U_1U_2 和副绕组 Z_1Z_2，它们的结构基本相同，在空间位置上相差 90° 电角度。在启动绕组 Z_1Z_2 中串入电容器 C 后，再与工作绕组并联接在单相交流电源上，适当选择电容器 C 的容量，可以使流过工作绕组中的电流 $\dot{I}_U$ 和流过启动绕组中的电流 $\dot{I}_Z$ 的相位相差约 90°。

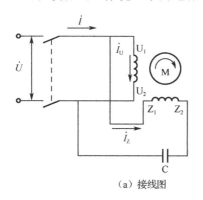

（a）接线图

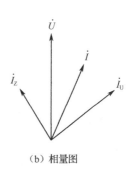

（b）相量图

图 4-8　单相电容运行异步电动机原理图

与产生三相旋转磁场的分析方法相同，画出不同时刻定子绕组中的电流所产生的磁场，如图 4-9 所示。可得如下结论：向空间位置相差 90°电角度的两相定子绕组内通入在相位上相差 90°的两相电流，产生的磁场也是沿定子内圆旋转的旋转磁场。鼠笼式结构的转子在该旋转磁场的作用下，获得启动转矩而开始运转。

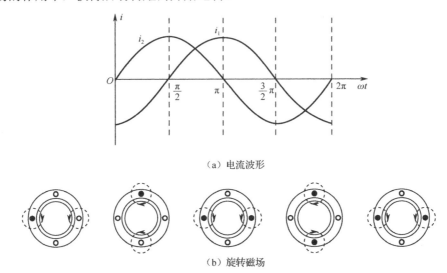

（a）电流波形

（b）旋转磁场

图 4-9　单相电容运行异步电动机两相旋转磁场的产生

这类电动机结构简单，使用、维护方便，常用于吊扇、台扇、电冰箱、洗衣机、空调器、吸尘器等。图 4-10 及图 4-11 所示分别为台扇电动机及吊扇电动机的结构。

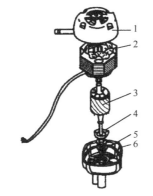

1—前端盖；2—定子；3—转子；

4—轴承盖；5—油毡圈；6—后端盖

图 4-10　台扇电动机的结构

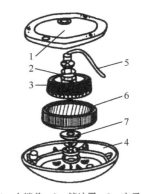

1—上端盖；2—挡油罩；3—定子；

4—下端盖；5—引出线；6—外转子；7—挡油罩

图 4-11　吊扇电动机的结构

3. 单相电容启动异步电动机

在单相电容运行异步电动机的启动绕组中串联一个离心开关 S，就构成了单相电容启动异步电动机。图 4-12 所示为单相电容启动异步电动机线路图，图 4-13 所示为离心开关动作示意图。当转子静止或转速较低时，离心开关的两组触点在弹簧的压力下处于接通位置，即图 4-12 中的 S 闭合，启动绕组与工作绕组一起接在单相电源上，单相电容运行异步电动机开始转动；

当转速达到一定数值后，离心开关中的重球产生的离心力大于弹簧的弹力，重球带动触点向右移动，使两组触点断开，即图 4-12 中的 S 断开，将启动绕组从电源上切除。

单相电容启动异步电动机与单相电容运行异步电动机比较，前者有较大的启动转矩，但启动电流也较大，适用于各种满载启动的机械，如电冰箱中的压缩机。

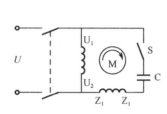

图 4-12　单相电容启动异步电动机线路图

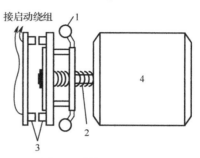

1—重球；2—弹簧；3—触点；4—转子

图 4-13　离心开关动作示意图

4. 单相电容启动和运行异步电动机

图 4-14 所示为单相电容启动和运行异步电动机线路图。在副绕组（启动绕组）回路中串入两个并联电容器 C_1 和 C_2，其中电容器 C_1 串接离心开关 S，启动时 S 闭合，两个电容器同时作用，电容量为两者之和，有良好的启动性能；当转速上升到一定程度时，离心开关 S 自动断开，断开电容器 C_1，电容器 C_2 与启动绕组参与运行，确保良好的运行性能。单相电容启动和运行异步电动机虽然结构较复杂、成本较高、维护工作量稍大，但其启动转矩大、启动电流小、功率因数和效率高，适用于空调机、小型空压机和电冰箱等。

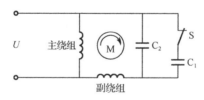

图 4-14　单相电容启动和运行异步电动机线路图

5. 单相罩极式异步电动机

单相罩极式异步电动机的转子仍为笼式，定子有凸极式和隐极式两种。其中，凸极式结构最常见。凸极式按励磁绕组布置的位置不同，可分为集中励磁和分别励磁两种，它们的结构分别如图 4-15 和图 4-16 所示。凸极式分别励磁结构一般有两极和四极两种。在每个磁极极面 1/4～1/3 处开有小槽，在较小部分的极面上套有铜制的短路环，就好像把这部分磁极罩起来一样，所以称为罩极式。励磁绕组用具有绝缘层的铜线绕成，套装在磁极上。对于分别励磁结构，必须正确连接以使其产生的磁极极性按 N、S、N、S 的顺序排列。

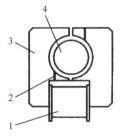

1—罩极；2—凸极式定子铁芯；3—定子绕组；4—转子

图4-15 凸极式集中励磁结构

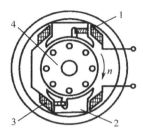

1—罩极；2—凸极式定子铁芯；3—定子绕组；4—转子

图4-16 凸极式分别励磁结构

在凸极式结构中，定子铁芯的极面中间开有一个小槽，用短路铜环罩住部分面积，起启动绕组的作用。隐极式结构不用短路铜环，而用较粗的绝缘导线做成匝数很少的罩极绕组跨在定子槽中，作为启动绕组。单相罩极式异步电动机电路如图4-17所示。

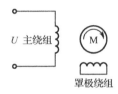

图4-17 单相罩极式异步电动机电路

当在励磁绕组内通入单相交流电时，在励磁绕组与短路铜环的共同作用下，磁极之间形成一个连续移动的磁场，如同旋转磁场一样，从而使鼠笼式转子受转矩作用而转动。连续移动的磁场形成原理如图4-18所示。

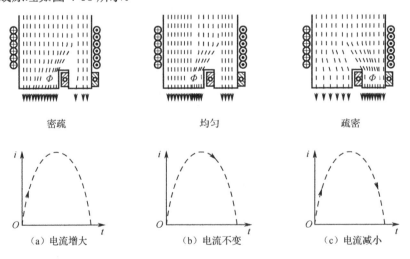

图4-18 连续移动的磁场形成原理

当流过励磁绕组中的电流由 0 开始增大时，由电流产生的磁通也随之增大，但在铜环罩住的一部分磁极中，根据楞次定律，变化的磁通将在铜环中产生感应电动势和电流，力图阻止原磁通的增加，从而使被罩磁极中的磁通较疏，未罩磁极中的磁通较密，如图4-18（a）所示。当电流达到最大值时，电流的变化率近似为0，这时铜环中没有感应电流产生，因而磁极中的磁通均匀分布，如图4-18（b）所示。当励磁绕组中的电流由最大值下降时，铜环中又有感应电流产生，以阻止被罩磁极中磁通减小，因而此时被罩部分磁通较密，未罩部分磁通较疏，如图4-18（c）所示。可见，磁极在空间中是移动的，且总是由未罩部分向被罩部分移动，从而使笼式结构的转子获得启动转矩。

单相罩极式异步电动机的主要优点是结构简单、制造方便、成本低、运行噪声小、维护方便；主要缺点是启动性能及运行性能较差，效率和功率因数都较低。它常用于小功率空载启动的场合，如台式电风扇、仪用电风扇、电唱机等。

 基本技能

一、典型单相交流异步电动机的认知

以双缸洗衣机脱水电动机为例，介绍单相交流异步电动机的结构和性能检测方法。

1. 测量绝缘电阻值

使用兆欧表测量绕组对外壳及铁芯的绝缘电阻值，并填入表4-3中。

注意：绕组对外壳及铁芯的绝缘电阻值应不小于2MΩ。

2. 启动端、运行端和公共端的判别

在单相交流异步电动机的使用过程中，经常会遇到要判别启动端、运行端和公共端的情况，因为只有正确判断出启动端、运行端和公共端，才能正确连线。如图4-19所示，C为启动绕组和运行绕组的公共端；CM为运行绕组，它的线径大，静态电阻小；CS为启动绕组，它的线径小，静态电阻大；MS之间是运行绕组和启动绕组。三者之间的关系是 $R_{MS}>R_{CS}>R_{CM}$，$R_{MS}=R_{CS}+R_{CM}$。因此，分别用万用表 $R×1$ 挡测量三根接线中任意两根接线之间的电阻值，在测出电阻值最大的那一次中，剩余的接线端子就是公共端C，然后分别测公共端C与另外两接线间的电阻值，根据 $R_{CS}>R_{CM}$ 即可判断出运行端M和启动端S。在测主、副绕组的直流电阻值时，如果绕组的阻值无穷大，说明绕组断路；如果阻值比正常阻值（一般为几十欧）小得多，说明绕组或匝间短路，不能再用。

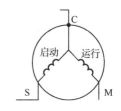

图4-19 双缸洗衣机脱水
电动机绕组判别

记录所测主、副绕组的阻值，填入表4-3中。

表4-3 绝缘电阻值和直流电阻值测量实训报告

测量项目	绝缘电阻值（MΩ）		直流电阻值（Ω）	
测量对象	主、副绕组对铁芯	主、副绕组对外壳	主绕组	副绕组
测量读数值				

3. 单相交流异步电动机的拆装

（1）用扳手卸下壳体连接螺栓，轻轻拿掉端盖（较紧时可用木棒或橡皮锤轻敲，不可用铁锤砸，以免把端盖砸变形，造成安装时不同轴）；然后取下定子，再取下转子（注意取转子

时应把后端盖放在工作台面上，以免使轴承端部的钢珠丢失）。

（2）观察单相交流异步电动机的结构，思考其工作原理。

（3）重新装回定子、转子、端盖（注意要让定子绕组引线从前端盖出线孔中穿出），上好固定螺栓，转动转轴应轻松灵活，不应有卡滞现象，否则应重新安装，使前后同轴。

（4）重新测量绕组对外壳的绝缘电阻值，达到要求后，在启动绕组端串接启动电容器，启动电容器的另一引线和运行端相接，用绝缘胶布包裹后将该端和公共端接入单相电源，观察通电运行情况。

二、单相交流异步电动机的常见故障判断

单相交流异步电动机的常见故障主要分为机械故障和电气故障两大类。

机械故障主要包括轴承、风扇、端盖、转轴、机壳等的故障。电气故障主要包括定子绕组、转子绕组和电路故障。

正确判断发生故障的原因，是一项复杂、细致的工作。单相交流异步电动机运行时，不同的原因会产生相似的故障现象，这给分析、判断和查找故障原因带来了一定难度。为了尽量缩短故障停机时间，迅速修复单相交流异步电动机，对故障原因的判断要快而准。电工在巡视检查时，可以通过自身感官来了解单相交流异步电动机的运行状态是否正常。

看：观察单相交流异步电动机和所拖带的机械设备转速是否正常，看控制设备上的电压表、电流表指示是否超出规定范围，看控制线路中的指示、信号装置是否正常，数值有无超标。

听：必须熟悉单相交流异步电动机启动、轻载、重载的声音特征，学会辨别单相交流异步电动机过载等故障状态下的声音及转子扫膛、笼式转子断条、轴承故障时的特殊声音。

摸：单相交流异步电动机过载及发生其他故障时，温升显著增加，造成工作温度上升，用手摸电动机外壳各部位即可判断温升情况。

闻：单相交流异步电动机严重发热或过载时间较长，会引起绝缘受损而散发特殊气味，轴承发热严重时也会挥发出油脂气味。闻到特殊气味时，便可确认单相交流异步电动机有故障。

问：向操作者了解单相交流异步电动机运行时有无异常征兆。故障发生后，向操作者询问故障发生前后单相交流异步电动机及所拖带机械的症状。这对分析故障原因很有帮助。

造成单相交流异步电动机故障的原因很多，仅靠初步分析是不够的，还应在初步分析的基础上，使用各种仪表（万用表、兆欧表、钳形表及电桥）进行必要的测量、检查。除了要检查单相交流异步电动机本身可能出现的故障，还要检查所拖带的机械设备及供电线路、控制线路。通过认真检查，找出故障点，准确地分析造成故障的原因，才能有针对性地进行处理，采取预防措施，以防止故障再次发生。

（一）了解单相交流异步电动机的常见故障及产生原因

单相交流异步电动机的故障有电气故障和机械故障两类。电气故障主要有定子绕组断路、定子绕组接地、定子绕组绝缘不良、定子绕组匝间短路、分相电容器损坏、转子笼式绕组断条等。机械故障主要有轴承损坏、润滑不良、转轴与轴承配合不好、安装位置不正确、风叶损坏或变形等。

单相交流异步电动机的故障检修，通常是先根据电动机运行时的故障现象，分析故障产生的原因，再通过检查和测试，确定故障的确切部位，最后进行相应的处理。

表4-4列出了几种常见故障的产生原因。

表4-4 几种常见故障的产生原因

故 障 现 象	故 障 原 因
电源电压正常，但通电后不能启动	（1）电源引线开路 （2）主绕组或副绕组开路 （3）离心开关触点合不上，没有把启动绕组接通 （4）电容器开路 （5）定子、转子相碰，进入杂物或润滑脂干固 （6）轴承已坏 （7）轴承中进入杂物或润滑脂干固 （8）负载被卡死，造成电动机严重过载
在空载下能启动或在外力帮助下能启动，但启动缓慢	（1）离心开关触点合不上或接触不良 （2）副绕组开路 （3）电容器开路 （4）如果转向不固定，则是副绕组开路或电容器开路
启动后电动机很快发热，甚至冒烟	（1）主绕组短路或接地 （2）主、副绕组短路 （3）启动后离心开关的触点分不开，副绕组通电时间过长 （4）主、副绕组接错 （5）电压不准确
转动时噪声太大	（1）绕组短路或接地 （2）离心开关损坏 （3）轴承损坏 （4）轴承的轴向间隙过大 （5）落入杂物
运转中有不正常的振动	（1）转子不平衡 （2）皮带盘不平衡 （3）轴伸出端弯曲
轴承过热	（1）轴承损坏 （2）轴承内、外圈配合不当 （3）润滑油过多、过少、太脏或混有沙土等杂物 （4）皮带过紧或联轴节装得不好
通电后熔丝熔断	（1）熔丝很快熔断则是绕组短路或接地 （2）熔丝经过一小段时间（如几分钟）才熔断则可能是绕组之间或绕组与地之间漏电

（二）单相交流异步电动机的故障检修

1. 电气故障的检修

在检修中，较多的是对定子绕组电气故障的检修，下面简要介绍单相交流异步电动机常见电气故障的形成原因与检修方法。定子绕组常见故障有绕组断路、绕组接地、绕组绝缘不良、绕组匝间短路等。

1）定子绕组断路故障的检修

定子绕组断路的主要原因是绕组线圈受机械损伤或过热烧断，表现为主绕组断路时单相交流异步电动机不转，副绕组断路时单相交流异步电动机不能启动。

检查绕组断路可使用万用表欧姆挡或直流电桥测量绕组的直流电阻值，有时断路故障可能是因连接线或引出线接触不良产生的，因此应先进行外部接线检查。

若判定为绕组内部断路，可拆开单相交流异步电动机，抽出转子，将定子绕组端部捆扎线拆开，接头的绝缘套管去掉，再用万用表逐个检查绕组中的每个线圈，找出有断路故障的线圈。

若绕组线圈断路点在绕组的端部，可找出断点具体位置，将其焊接好，然后采取加强绝缘的方法处理。若绕组断路点在定子铁芯槽内，则需要拆除有断路故障的线圈，直接更换新的绕组线圈或采用穿绕修补法修复。更换或修复后将接线焊好，并恢复绝缘，再检查整个绕组是否完好。

2）定子绕组接地故障的检修

定子绕组接地，就是定子绕组与定子铁芯短路，造成绕组接地的主要原因是绝缘层被破坏，主要表现为外壳带电或烧断熔丝。绕组接地多发生在导线引出定子槽口处，或者是绕组端部与定子铁芯短路。

绕组接地可以用 36V 的校验灯检验，也可以用万用表欧姆挡测量。若判断为定子绕组接地，可抽出转子，把定子绕组端部捆扎线拆开，接头的绝缘套管去掉，再用万用表逐个检查绕组中的每个线圈，找出有接地故障的线圈。

若绕组线圈接地点在绕组的端部，则可采取加强绝缘的方法处理。若线圈接地点在定子铁芯槽内，则应拆除有接地故障的线圈，然后在定子铁芯槽内垫一层聚酯薄膜青壳纸，更换新的绕组线圈或采用穿绕修补法修复。更换或修复后将接线焊好，并恢复绝缘，再检查整个绕组是否完好。

3）定子绕组匝间短路故障的检修

定子绕组匝间短路的主要原因是绝缘层损坏。主要表现为启动困难、转速慢、温升高。匝间短路还容易引起整个绕组烧坏。

若判定有绕组匝间短路，可抽出转子，先对定子绕组进行直观检查，主要观察线圈有无焦脆之处，当某个线圈有焦脆现象时，该线圈可能有匝间短路。若绕组匝间短路处不易发现，可把绕组端部捆扎线拆开，拆掉接头的绝缘套管，给定子绕组通入 36V 的交流电压，用万用表的交流电压挡测量绕组中的每个线圈，如果每个线圈的电压都相等，说明绕组没有匝间短路；如某个线圈的电压低了，说明该线圈有匝间短路。检查定子绕组匝间短路也可以使用短路探测器。

当短路线圈无法修复时，则应拆除有短路故障的线圈，然后在定子铁芯槽内垫一层聚酯薄膜青壳纸，更换新的绕组线圈或采用穿绕修补法修复。更换或修复后将接线焊好，并恢复绝缘，再检查整个绕组是否完好。

4）定子绕组绝缘不良故障的检修

定子绕组绝缘不良主要是绕组严重受潮或长期超载运行绝缘老化引起的，主要表现为运行时外壳带电或绕组打火冒烟。

定子绕组绝缘不良可使用兆欧表测量绝缘电阻值，检查前应先将主、副绕组的公共端拆开，分别测量主、副绕组间以及主、副绕组对外壳的绝缘电阻值。如果绝缘电阻值小于 0.5MΩ，说明定子绕组绝缘不良，已不能使用。

若定子绕组绝缘不良是绕组严重受潮引起的，可将 100～200W 的灯泡放在定子绕组中间，置于一个箱子内烘烤或用电烘箱烘烤，也可给绕组通以 36V 以下的交流电压，使其发热以去除潮气，直至绝缘性能达到要求，随后进行浸漆处理。若定子绕组的绝缘严重老化，则要拆换整个绕组。

单相交流异步电动机需要经常维护，要经常注意转速是否异常，温度是否过高，有否有杂音和振动，有无焦臭味等。

2. 机械故障的检修

1）机壳和端盖的修理

机壳（尤其是薄壁机壳）和端盖等零部件常见的故障是变形，造成机壳和端盖的配合止口配合不良，使转子卡死。对于这类故障，应首先检查配合止口处是否有松动或错位，若有松动或错位应紧固和复位；对于止口有轻微变形的机壳或端盖，可修复后再装配。

2）转子的修理

转子常见机械故障是转轴变形或弯曲，使转子铁芯径向跳动过大，造成转子卡死。对变形或弯曲的转子应进行校正。方法是用木锤敲击变形或弯曲处，整形后的转子铁芯表面和轴的径向跳动应小于 0.05mm。

3）轴承的检修

单相交流异步电动机的轴承常采用含油轴承（铜基或铁基）或滚动轴承。轴承损坏，必然造成运转时噪声增大，严重时转子会被卡死，甚至烧毁绕组。含油轴承常见故障是磨损和润滑油干固。取下含油轴承后，检查同转轴配合的内孔尺寸。如磨损严重，内孔尺寸过大，将造成转轴配合过松，应更换新的同型号轴承；若轴承磨损不严重，只是润滑油干固，则可将轴承浸泡在机油中，加热至 80～100℃，煮数小时即可。滚动轴承易产生润滑脂干固和滚珠磨损故障。对无防尘盖的滚动轴承，杂质易进入，应进行清洗；对只有轻微锈蚀的轴承，可在煤油中清洗，然后烘干，再加润滑脂或滴入仪表油；若轴承磨损严重，须更换同型号的新轴承。

4）离心开关的检修

当单相交流异步电动机的转速达到同步转速的 75%～80% 时，离心开关应动作，将副绕组切除。但有时离心开关触点有质量问题或因电流过大而将触点熔焊在一起，这时离心开关不动作，发生过热现象，甚至烧毁绕组。离心开关故障的判断方法是在副绕组中串联一只电流表，当接通电源后，若不能启动，但有"嗡嗡"声，电流表中又没有电流通过，这说明副绕组回路不通，可能是离心开关触点没接触或副绕组开路造成的；若正常启动运行后，电流表中仍有电流指示，说明离心开关触点熔焊在一起（粘连）了，这时可将触点用细砂布磨光，对离心开关进行调整。

3. 电容器好坏的判断

采用电容器来改善启动性能和运行性能，一旦电容器损坏，就会造成运行不正常或停转。电容器常见的故障有短路、断路和电容量下降。

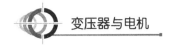

对 1μF 以上的电容器，可用万用表和充放电方法检查。

1）方法一

先将电容器放电（电容器两引脚对接），选择万用表的高阻挡（如 R×10kΩ 挡或 R×1kΩ 挡），两表笔接电容器两引脚，看万用表指针摆动情况。

（1）如万用表指针摆动幅度大，然后回到∞，说明电容器正常。

（2）若指针摆动幅度很小，说明电容器容量下降。

（3）若指针大幅度摆到零位后不再返回，说明电容器内部击穿短路。

（4）若指针不动，说明电容器内部断路。

2）方法二（对于额定电压大于 220V 的电容器）

把电容器的两引脚接入照明电源（充电）3～5s，然后拿下来短接（放电），如发出较响的声音，说明电容器良好，否则已坏或不良。

三、单相交流异步电动机的绕组拆换训练

1. 定子绕组的技术参数

1）极距

图 4-20 所示是一个 4 极 16 槽定子绕组的电流方向及磁极分布图，由图可见，这种定子绕组产生 4 个磁极，以一个 S 极和一个 N 极为一对磁极，磁极对数 $p=2$。

极距是指两个异性磁极之间的距离，通常以槽数计算，若定子铁芯总槽数为 z，则极距 $\tau=z/(2p)$。例如 4 极 16 槽电动机，极距为

$$\tau = \frac{z}{2p} = \frac{16}{2\times2} = 4$$

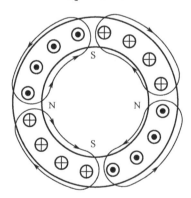

图 4-20　4 极 16 槽定子绕组的电流方向及磁极分布图

2）节距

节距是指定子线圈两个有效边在定子铁芯圆周上所跨的距离，也以槽数计算，用 Y 表示。如线圈的一边在第一槽，另一边在第四槽，则节距 $Y=3$，或用 $Y=1～4$ 来表示。节距与极距相等的绕组叫作全节距绕组。节距小于极距的绕组叫作短节距绕组。

3）每极每相槽数

在每个磁极中，每相电流所占的槽数叫作每极每相槽数，用 q 表示。若相数为 m，则 $q=z/(2pm)$。如 4 极 16 槽电动机，启动绕组中的电流经电容移相后，可看作两相电流，即 $m=2$，则这种电动机的每极每相槽数为

$$q = \frac{z}{2pm} = \frac{16}{2 \times 2 \times 2} = 2$$

4）电角度

围绕电动机定子铁芯圆周旋转一周为360°，这是机械角度。从电磁观点看，为方便分析电磁现象，把一对磁极所占的铁芯圆周长度（两个极距）定为360°电角度。这样每一个极距就相应为180°电角度。若电动机有 p 对磁极，铁芯圆周的电角度 $\alpha=p\times360°$，则每槽的电角度 $\alpha'=p\times360°/z$。

例如，对于 4 极 16 槽电动机，$\alpha=p\times360°=2\times2\times180°=720°$，每槽电角度 $\alpha'=p\times360°/z=2\times2\times180°/16=45°$。

2. 定子绕组的拆换

定子绕组的拆换是维修中复杂而重要的内容，单相交流异步电动机定子绕组的拆换可按以下步骤进行。

1）拆除旧绕组并记录数据

定子绕组可分为单层绕组和双层绕组。在定子绕组的拆换中，一般按照旧绕组的数据和接线方法直接换入新绕组，这样可省去复杂的计算。因此在拆除旧绕组时，应参考表 4-5 所列的有关数据，并画出定子绕组接线图。

表 4-5 单相交流异步电动机绕组拆卸记录表

铭牌数据	型号	额定功率	额定频率	额定电压	额定电流	额定温升
	额定转速	电容	制造厂	出厂编号	制造日期	绝缘等级
绕组数据	绕组名称	线径	支路数	节距	匝数	下线形式
	主绕组					
	副绕组					
铁芯数据	外径	内径	长度	总槽数	槽深	槽宽

定子绕组的拆卸方法有热拆法和冷拆法，具体如下。

① 热拆法。在绕组没有断路的情况下，可使电容器和离心开关短路，将单相交流异步电动机直接接到电源上。由于通过的电流较大，绝缘漆很快就会软化，然后迅速断开电源，取出槽楔，用斜口钳把绕组的一端剪断，用克丝钳从另一端把绕组拔出。

② 冷拆法。先用刀片把槽楔从中间破开后取出，再用斜口钳将绕组一端剪断，从另一端用克丝钳把绕组导线逐根或逐束拉出，然后将铁芯槽内的杂物清理干净。

2）制作绕线模

在绕制定子绕组前，先要制作绕线模，它是绕制绕组的模具，对尺寸要求严格。若绕线模尺寸做得太小，将造成绕组端部长度不足，嵌线发生困难或根本嵌不进槽内。

如绕线模尺寸做得太大，绕组的直流电阻、端部漏感都将增大，影响电气性能，严重时会使绕组碰触端盖，造成对外壳短路故障。

绕组重绕所需的绕线模，通常以拆下的完整旧绕组线圈为依据，其模芯尺寸可通过测量旧线圈得到。但多数情况下，旧线圈在拆除时，长宽和端部均已变形，只是周长未变，绕线模的尺寸可用下面的公式进行复核计算。

① 模芯宽度：

$$B = \frac{D+h}{2p}$$

式中，D——定子铁芯内径（mm）；

h——定子槽深（mm）；

p——磁极对数。

② 模芯直线部长度：

$$L = l + 2d$$

式中，l——铁芯有效长度（mm）；

d——线圈伸出铁芯的长度（一般取 10mm）。

③ 模芯端部长度：

$$C = KB/2$$

式中，K——极数系数。K 值随极数不同而异。2 极时 $K=1.25$，4 极时 $K=1.30$，6 极时 $K=1.35$。

④ 模芯厚度为定子槽平均宽度，通常在 8mm 左右。

绕线模需要用干燥的硬木板制作，以免翘曲变形。模芯做好以后，将其固定在上下夹板中，在中心处钻一个 10mm 的孔，作为穿绕线机的轴。再把模芯从上下夹板中取出，在轴心处横向斜锯成两半，然后分别粘在或钉在上下夹板对应位置上，最后在夹板上锯出引线槽和扎线槽。绕线模结构如图 4-21 所示。

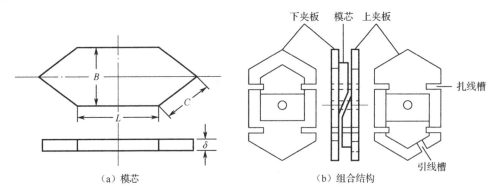

图 4-21 绕线模结构

3）绕制线圈

绕线模做好后，在绕线前还要检查漆包线的线径是否相符，绝缘层有无损伤处。为了提高绕线质量,最好使用放线架。先把线头卡入绕线模的引线槽内,将绕线机轴穿入绕线模的中心孔中并固定好,即可开始绕制。绕第一匝时,注意将扎线用漆包线压入扎线槽,以便绕完后进行绑扎。

绕线时漆包线要排列整齐,不得交叉,不能打结,以免造成嵌线困难和匝间短路。线头和线尾要留出适当的长度,以备端部接线,一般留到对面有效边的1/2为宜。

4)绕组嵌线

嵌线前必须清理好定子铁芯槽,并在槽内安放绝缘材料。E级绝缘一般使用聚酯薄膜青壳纸,绝缘材料要伸出槽外7mm左右,如图4-22所示。

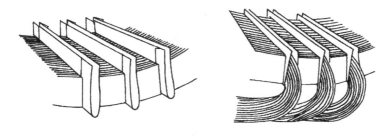

图4-22　绝缘材料的用法

嵌线时先将两个有效边扭一下,使上层边外侧导线在上面,下层边内侧导线在下面,按原绕组位置依次嵌入槽内,嵌线步骤如图4-23所示。

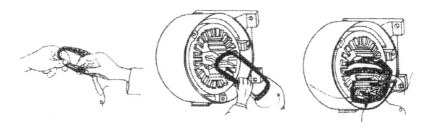

图4-23　定子绕组嵌线步骤

若是嵌双层绕组,第一层线圈下完以后,要垫上层间绝缘,再下第二层。每一槽嵌完后,应盖上绝缘纸,然后压上槽楔。槽楔一般用竹子削成,长度应略小于槽底绝缘材料,其宽度和厚度应根据铁芯槽的形状和尺寸确定。

为避免线圈端部发生短路,绕组全部嵌完后,应制作端部绝缘,用聚酯薄膜青壳纸按线圈端部形状剪好,放入线圈端部,然后用榔头和垫板敲打,使线圈端部形成喇叭状,以便拆装转子。绕组端部整形如图4-24所示。

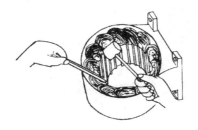

图4-24　绕组端部整形

下面以常见的 4 极 16 槽单相交流异步电动机为例，具体说明绕组嵌线顺序。4 极 16 槽单相交流异步电动机的极距τ=16/4=4，节距为 3，线圈跨距为 1～4。从定子端面看，嵌线顺序如图 4-25 所示。

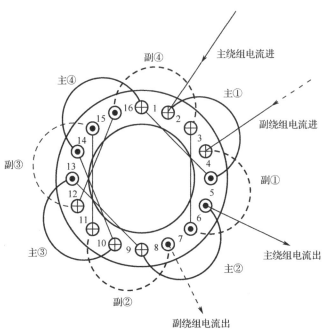

图 4-25　嵌线顺序

5）端部接线

绕组线圈嵌完后，在端部接线前，先用万用表或电桥分别测量绕组每个线圈的直流电阻值，应大小一致，否则说明有故障。再用兆欧表检测各线圈之间的绝缘电阻值，应在 30MΩ以上，否则应查明原因，并予以排除。

吊扇及洗衣机用单相交流异步电动机绕组的嵌线方式如图 4-26、图 4-27 所示。

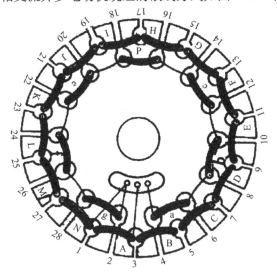

图 4-26　吊扇用单相交流异步电动机绕组嵌线方式

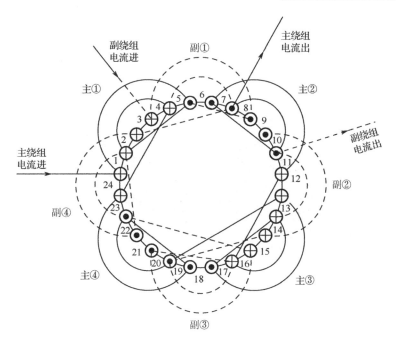

图 4-27 洗衣机用单相交流异步电动机嵌线方式

6）绕组检测

① 直观检查。检查单相交流异步电动机的装配质量，看各部分的紧固螺钉是否拧紧，拆卸时所做的记号是否符合，转子转动是否灵活，轴承是否加好润滑油，引出线连接是否正确。

② 测量直流电阻值。用直流电桥测量主绕组和副绕组的直流电阻值，并参照匝数和线径进行比较，看电阻值是否正常。

③ 测量绝缘电阻值。用兆欧表检测绕组与铁芯之间的绝缘电阻值，应达到 30MΩ 以上。若绝缘不良应拆开绕组仔细检查，寻找故障部位，予以排除。

④ 空载实验。用电流表测试空载电流，应符合规定要求。观察随运转时间延长空载电流是否变化，运转中是否有噪声和振动，运转方向是否正确。若反转，则是主绕组和副绕组中有一个引出线接反，应将其对调。

⑤ 检测温升。运转数小时后，检查绕组和轴承的温升，应不超过 60℃。

7）浸漆与烘烤

初测合格后，将定子铁芯及绕组从机壳内取出，进行浸漆处理。对于小型单相交流异步电动机，浸漆工艺过程如下。

① 预烘。浸漆前应先预烘，以去除绕组内的潮气。将定子绕组置于功率较大的灯泡下或烘箱中，保持 125～135℃ 的温度，预烘 4～6h，测绝缘电阻值应在 30～50MΩ，如图 4-28 所示。

② 第一次浸漆。将预烘合格的定子绕组冷却到 60～80℃，放入绝缘清漆中，浸漆约 15min。也可用刷子刷漆，将清漆均匀涂在绕组上，直至浸透为止。

③ 滴漆。把浸好漆的定子绕组悬挂起来，滴漆 30min 以上。

④ 第一次烘干。用灯泡或烘箱烘烤。开始时把温度控制在 60～70℃，烘烤半小时。然后使温度上升到 125～135℃，烘烤 6～8h，测热态绝缘电阻值应在 2MΩ 以上。

⑤ 第二次浸漆、滴漆。第二次浸漆、滴漆方法与第一次相同。

⑥ 第二次烘干和复测。按第一次的烘烤温度持续 10～14h，测热态绝缘电阻值应在 2MΩ以上。最后将单相交流异步电动机装好，按初测步骤进行复测，符合要求即可投入使用。

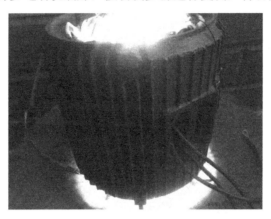

图 4-28　灯泡烘干

 任务评价

一、思考与练习

（一）填空题

1．电动机是将_____能转化为_____能的一种旋转机械。

2．按取用电能的种类，电动机可分为_____电动机和_____电动机两大类。

3．交流电动机按工作原理又有_____电动机和_____电动机之分。

4．按交流电源的相数，异步电动机又可分为_____相异步电动机和_____相异步电动机两大类。

5．单相交流异步电动机是指由_____V 单相交流电源供电而运转的异步电动机。

6．单相交流异步电动机的结构都由_____部分——定子、_____部分——转子、_____部分——端盖和轴承三大部分组成。

7．单相交流异步电动机的铁芯包括_____铁芯和_____铁芯。

8．单相交流异步电动机定子绕组常做成两相：_____绕组（工作绕组）和_____绕组（启动绕组）。

9．由于是单相交流异步电动机，不可能用两相交流电源。因此，可以从一相电源变换而来，叫作_____。

10．单相交流异步电动机的产品型号是由_____代号、_____代号、_____代号、特征代号和特殊环境代号组成的。

11．我国规定的额定频率一般为_____Hz。

12．我国家用电器用单相交流异步电动机的绕组绝大多数都为_____级绝缘，其最高工作温度为_____℃。

13．单相交流异步电动机根据启动方法或运行方法不同，一般可分为以下几种基本形式：

（1）单相_____启动异步电动机。

（2）单相_____运行异步电动机。

（3）单相_____启动异步电动机。

（4）单相_____启动和运行异步电动机。

（5）单相_____式异步电动机。

14．单相罩极式异步电动机的转子仍为鼠笼式，定子有_____式和_____式两种。其中，_____式结构最常见。

15．单相交流异步电动机的转子一般做成_____式。

16．单相交流异步电动机轴承有_____轴承和_____轴承。

17．单相电容启动电动机在转子静止或转速较低时，启动开关处于_____位置，启动绕组和工作绕组一起接在单相电源上，获得_____。当转速达到_____时，启动开关_____，将启动绕组从电源上切除。

18．单相电容启动和运行异步电动机的两个电容器中容量较大的是_____。两个电容器_____联后与启动绕组_____联。

19．凸极式单相罩极式异步电动机定子铁芯通常用_____叠成，每极在_____处开个小槽，在较小的部分极面上套有_____。当励磁绕组通入_____时，磁极之间形成一个_____磁场而获得启动转矩。

20．如果单相交流异步电动机的定子铁芯上仅嵌有　相绕组，那么通入单相正弦交流电时，气隙中会产生_____磁场，该磁场是没有_____的，启动后转矩的方向取决于_____。

（二）判断题

1．单相交流异步电动机只有一个绕组。　　　　　　　　　　　　　　　　　（　　）

2．单相交流异步电动机只能由电阻来分相。　　　　　　　　　　　　　　　（　　）

3．单相交流异步电动机不需要散热。　　　　　　　　　　　　　　　　　　（　　）

4．单相交流异步电动机也需要安全用电，避免触电。　　　　　　　　　　　（　　）

5．单相交流异步电动机通电后不转动，拨动一下转子后开始正常转动，可能是启动电容损坏。　　　　　　　　　　　　　　　　　　　　　　　　　　　　　　　　（　　）

6．单相交流异步电动机转子的转速不可能等于定子旋转磁场的转速。　　　　（　　）

7．我国单相交流异步电动机额定频率一般为 60Hz。　　　　　　　　　　　（　　）

8．转子铁芯上没有绕组。　　　　　　　　　　　　　　　　　　　　　　　（　　）

9．将交流电通入单相交流异步电动机的定子绕组所产生的磁场是脉动磁场。　（　　）

10．给在空间上互差 90°电角度的两相绕组内通入同相位交流电，可产生旋转磁场。
　　　　　　　　　　　　　　　　　　　　　　　　　　　　　　　　　　（　　）

11．单相电容启动异步电动机启动后，启动绕组开路，转子转速会减慢。　　（　　）

12．单相电容运行异步电动机，因其主绕组与副绕组中的电流是同相位的，所以称为单相异步电动机。　　　　　　　　　　　　　　　　　　　　　　　　　　　　　　（　　）

13．家用吊扇的电容器损坏拆除后，每次启动时拨动一下，照样可以转动起来。
　　　　　　　　　　　　　　　　　　　　　　　　　　　　　　　　　　（　　）

14．单相罩极式异步电动机的转向总是由未罩部分转向被罩部分。　　　　　（　　）

（三）简答题

1．单相交流异步电动机有哪几种类型？

2．单相电容运行异步电动机的特点是什么？

3．单相交流异步电动机的额定值有哪些？

4．单相交流异步电动机的检测项目有哪些？

5．单相交流异步电动机的电气故障有哪些？

6．单相交流异步电动机的机械故障有哪些？

7．单相交流异步电动机转速慢的原因有哪些？

二、任务评价

1．任务评价标准（表4-6）

表4-6　任务评价标准

任 务 检 测		分值	评 分 标 准	学生自评	教师评估	任务总评
任务知识和技能内容	单相交流异步电动机的认知	10	（1）交流电和直流电的区别（3分） （2）单相与三相的区别（3分） （3）异步与同步的区别（4分）			
	单相交流异步电动机的结构	10	（1）了解定子铁芯和定子绕组（4） （2）了解转子铁芯和转子绕组（3分） （3）了解单相交流异步电动机的三大部分（3分）			
	单相交流异步电动机的工作原理	5	（1）单相交流异步电动机的分相及罩极（2分） （2）单相交流异步电动机中电容器的作用（2分） （3）单相交流异步电动机是否都有电容器（1分）			
	单相交流异步电动机的型号	5	（1）会识别单相交流异步电动机的型号（3分） （2）了解型号的含义（2分）			
	单相交流异步电动机的技术参数	10	（1）了解各种技术参数的含义、代号、单位（6分） （2）会识读单相交流异步电动机的铭牌（4分）			
	单相交流异步电动机的运行方式	20	（1）能识别单相交流异步电动机的5种运行方式（10分） （2）能解释单相交流异步电动机的5种运行方式的工作原理（10分）			
	常用单相交流异步电动机的认知	10	（1）了解洗衣机用单相交流异步电动机的结构和工作原理（10分） （2）了解其他电器用单相交流异步电动机的结构和工作原理（1~5分）			
	单相交流异步电动机的故障判断和检修	10	（1）根据故障能正确做出判断（5分） （2）根据故障能正确指出修理方法（5分）			
	单相交流异步电动机的绕组制作	20	（1）掌握单相交流异步电动机绕组制作的有关知识（5分） （2）掌握绕线、嵌线、接线、浸漆、烘干等操作（15分）			

2．技能训练与测试

（1）常用单相交流异步电动机的认知。

（2）练习单相交流异步电动机的故障判断和检修。

（3）练习单相交流异步电动机的绕组制作。

技能训练评估表见表 4-7。

表 4-7 技能训练评估表

项 目	完成质量与成绩
拆装	
认知	
故障判断和检修	
绕组制作	

三、任务小结

（1）单相交流异步电动机使用方便，应用广泛，在生活、生产中发挥着越来越大的作用。

（2）单相交流异步电动机由固定部分——定子、转动部分——转子、支撑部分——端盖和轴承三大部分组成。

（3）要解决启动问题，关键是使转子产生启动转矩，为此必须采用某些特殊启动装置。通常，在单相交流异步电动机的定子上嵌装两个绕组，一个是主绕组（工作绕组），用以产生主磁场；另一个是副绕组（启动绕组），用来与主绕组共同作用，产生合成的旋转磁场，产生启动转矩。

（4）单相交流异步电动机的产品型号是由系列代号、设计代号、机座代号、特征代号和特殊环境代号组成的。

（5）铭牌内容包括：名称、型号、标准编号、制造厂、出厂编号、额定电压、额定功率、额定电流、额定转速、绕组接法、绝缘等级等。

（6）单相交流异步电动机根据其启动方法或运行方法不同，一般可分为以下几种基本形式：

① 单相电阻启动异步电动机。

② 单相电容运行异步电动机。

③ 单相电容启动异步电动机。

④ 单相电容启动和运行异步电动机。

⑤ 单相罩极式异步电动机。

（7）能对单相交流异步电动机的故障进行快速、准确的判断和提出合理的维修方法是一个合格电工应该具备的技能。

（8）能熟练进行定子绕组绕线、嵌线、接线、浸漆、烘干等操作是一个维修工应具备的专业技能。

任务二 三相交流异步电动机

 知识目标

（1）了解三相交流异步电动机的基本结构与工作原理。

（2）了解三相交流异步电动机的技术参数。

（3）识读三相交流异步电动机的铭牌及型号。

 技能目标

（1）能够熟练地对三相交流异步电动机进行拆装。

（2）学会三相交流异步电动机的绕线、嵌线和接线。

 基本知识

一、三相交流异步电动机的结构

三相交流异步电动机与其他类型电动机相比，具有结构简单、价格低廉、工作可靠、维护方便、效率高等优点，因此，大部分生产机械（如机床、起重机、矿山机械、通风设备等）均用三相交流异步电动机来拖动。

三相交流异步电动机主要由定子和转子两部分组成，其中定子是固定部分，转子是转动部分。三相交流异步电动机的结构如图 4-29 所示。

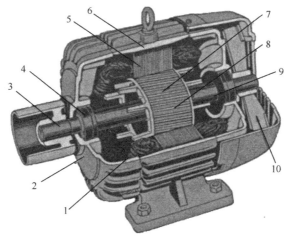

1—定子绕组；2—轴承框；3—轴；4—轴承；5—定子铁芯；

6—机壳；7—转子铁芯；8—转子导体；9—端环；10—冷却片

图 4-29　三相交流异步电动机的结构

1. 定子

三相交流异步电动机的定子由机座、定子铁芯和定子绕组三部分组成。

1）机座

机座用来固定定子铁芯和端盖，并起支撑作用。机座通常由铸铁或铸钢制成，大型电动机的机座则由钢板焊接而成。

2）定子铁芯

定子铁芯是三相交流异步电动机磁路的一部分。它是用 0.5mm 厚、表面绝缘的硅钢片叠压而成的筒形铁芯，它被紧紧地压装在机座内部，在铁芯的内圆周上开有若干均匀分布的平行槽，用来安装定子绕组，如图 4-30 所示。

3）定子绕组

定子绕组是电动机的电路部分。小型三相交流异步电动机的定子绕组通常是由高强度的漆包线按一定的规律绕制而成的许多线圈，这些线圈按一定的空间角度依次嵌放在定子槽内，并与铁芯绝缘，如图4-30（c）所示。

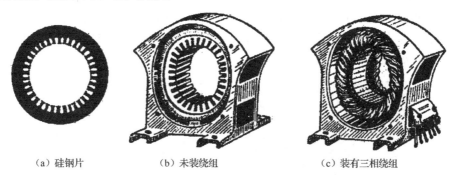

（a）硅钢片　　　　　（b）未装绕组　　　　　（c）装有三相绕组

图4-30　三相交流异步电动机的定子铁芯

三相定子绕组有三个始端 U_1、V_1、W_1 和三个末端 U_2、V_2、W_2，都从机座的接线盒内引出，如图4-31所示。三相定子绕组可接成星形，也可接成三角形，这要根据电源的线电压和各相绕组的额定电压而定。例如，电源的线电压是380V，定子各相绕组的额定电压是220V，则定子绕组必须接成星形，如图4-31（a）所示。如果各相绕组的额定电压也是380V，则应接成三角形，如图4-31（b）所示。具体连接时要按三相交流异步电动机铭牌上的说明进行连接。

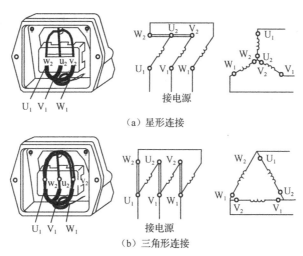

（a）星形连接

（b）三角形连接

图4-31　三相绕组的连接

采用星形接法时，线电流=相电流，线电压=$\sqrt{3}\times$相电压。

采用三角形接法时，线电压=相电压，线电流=$\sqrt{3}\times$相电流。

2. 转子

三相交流异步电动机的转子由转轴、转子铁芯和转子绕组三部分组成。

1）转轴

转轴是用来固定转子铁芯的，并对外输出机械转矩。转轴应既有一定的强度，又有一定的韧性。

2）转子铁芯

转子铁芯也是三相交流异步电动机磁路的一部分，用 0.5mm 厚、表面绝缘的硅钢片冲制叠压而成，并固定在转轴上。转子铁芯的外圆周上有若干均匀分布的平行槽，用来放置转子绕组，转子冲片如图 4-32 所示。

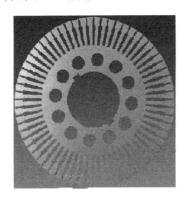

图 4-32　转子冲片

3. 气隙

三相交流异步电动机的气隙是很小的，中小型三相交流异步电动机的气隙一般为 0.2～2mm。气隙越大，磁阻越大，要产生同样大小的磁场，就需要较大的励磁电流。由于气隙的存在，三相交流异步电动机的磁路磁阻远比变压器大，因而三相交流异步电动机的励磁电流也比变压器大得多。变压器的励磁电流约为额定电流的 3%，三相交流异步电动机的励磁电流约为额定电流的 30%。励磁电流是无功电流，因而励磁电流越大，功率因数就越低。

二、三相交流异步电动机的铭牌及型号

三相交流异步电动机在出厂时，机座上都固定着一块铭牌，铭牌上标注了主要性能和技术数据，如图 4-33 所示。

三相交流异步电动机		
型　号　Y132M-4	功　率　7.5kW	频　率　50Hz
电　压　380V	电　流　15.4A	接　法　△
转　速　1400r/min	绝缘等级　E	工作方式　连续
温　升　80℃	防护等级　IP44	重　量　55kg

图 4-33　三相交流异步电动机铭牌

1. 型号

为了满足不同用途和不同工作环境的需要，制造厂把三相交流异步电动机制成各种系列，

每个系列用不同的型号表示，如图 4-34 所示。

Y	315	S	6
三相交流异步电动机	机座中心高（mm）	机座长度代号 S：短铁芯 M：中铁芯 L：长铁芯	磁极数

图 4-34 三相交流异步电动机型号

2. 接法

接法指三相交流异步电动机三相定子绕组的连接方式。

一般鼠笼式三相交流异步电动机的接线盒中有六根引出线，标有 U_1、V_1、W_1、U_2、V_2、W_2。其中，U_1、V_1、W_1 是每相绕组的始端，U_2、V_2、W_2 是每相绕组的末端。

三相交流异步电动机的连接方法有两种：星形（Y）连接和三角形（△）连接。

通常功率在 4kW 以下的三相交流异步电动机接成星形，4kW（不含）以上的接成三角形。

3. 电压

铭牌上所标的电压是指三相交流异步电动机在额定状态下运行时定子绕组上应加的线电压。一般规定三相交流异步电动机的电压不应高于或低于额定值的 5%。

必须注意：在低于额定电压下运行时，最大转矩 T_{max} 和启动转矩 T_{st} 会显著地降低，这对三相交流异步电动机的运行是不利的。

三相交流异步电动机的额定电压有 380V、3000V 及 6000V 等多种。

4. 电流

铭牌上所标的电流是指三相交流异步电动机在额定状态下运行时定子绕组的最大线电流允许值。当三相交流异步电动机空载时，转子转速接近于旋转磁场的转速，两者之间相对转速很小，所以转子电流近似为零，这时定子电流几乎全为建立旋转磁场的励磁电流。当输出功率增大时，转子电流和定子电流都相应增大。

5. 功率与效率

铭牌上所标的功率是指三相交流异步电动机在规定的环境温度和额定状态下运行时电机轴上输出的机械功率值。输出功率与输入功率不等，其差值等于三相交流异步电动机本身的损耗功率，包括铜损、铁损及机械损耗等。

效率 η 就是输出功率与输入功率的比值。一般鼠笼式三相交流异步电动机在额定状态下运行时的效率为 72%～93%。

6. 功率因数

因为三相交流异步电动机是电感性负载，定子相电流比相电压滞后一个 ϕ 角，$\cos\phi$ 就是三相交流异步电动机的功率因数。三相交流异步电动机的功率因数较低，在额定负载时为 0.7～0.9，而在轻载和空载时更低，空载时只有 0.2～0.3。选择三相交流异步电动机时应注意其容

量，防止"大马拉小车"，并力求缩短空载时间。

7．转速

转速是指电动机在额定状态下运行时的转子转速，单位为转/分（r/min）。

不同的磁极对数（图4-35）对应不同的转速等级，最常用的是4极电动机（n_0=1500r/min）。

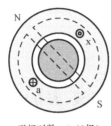
磁极对数p=1（2极）

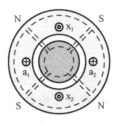
磁极对数p=2（4极）

图4-35　三相交流异步电动机磁极对数示意图

8．绝缘等级

绝缘等级是按三相交流异步电动机绕组所用的绝缘材料在使用时允许的极限温度来划分的。极限温度是指绝缘结构中最热点的最高允许温度。

在三相交流异步电动机中，耐热最差的是绕组的绝缘材料，不同等级的绝缘材料，其最高允许温度是不同的。三相交流异步电动机中常用的绝缘材料有五个等级。

（1）A级绝缘：包括经过绝缘浸渍处理的棉纱、丝、纸等，普通漆包线的绝缘漆的最高允许温度为105℃。

（2）E级绝缘：包括高强度漆包线的绝缘漆、环氧树脂、三醋酸纤维薄膜、聚酯薄膜青壳纸、纤维填料塑料，最高允许温度为120℃。

（3）B级绝缘：包括由云母、玻璃纤维、石棉等制成的材料，用有机材料黏合或浸渍，最高允许温度为130℃。

（4）F级绝缘：包括与B级绝缘相同的材料，但黏合剂及浸渍漆不同，最高允许温度为155℃。

（5）H级绝缘：包括与B级绝缘相同的材料，但用耐温180℃的硅有机材料黏合或浸渍。

三、三相交流异步电动机的工作原理

三相交流异步电动机利用旋转磁场带动的转子把电能转换成机械能。

1．用小实验揭示三相交流异步电动机转动原理

将一个可绕轴自由转动的金属框放置在蹄形永久磁铁的两磁极之间，永久磁铁架在支架上，并装有手柄，摇动手柄可以使永久磁铁环绕金属框转动，此时，金属框也会随着磁铁的旋转而转动起来，如图4-36所示。

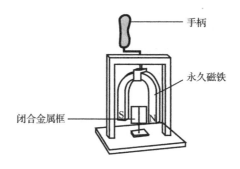

图 4-36　三相交流异步电动机转动原理示意图

将上述装置从下往上看来分析金属框的转动，如图 4-37 所示。

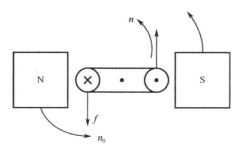

图 4-37　分析金属框的转动

当手柄顺时针转动时，从装置下面可以看到，蹄形磁铁逆时针转动，相对于蹄形磁铁来说，金属框是以顺时针方向转动的。蹄形磁铁的 N 极与 S 极之间的磁场由 N 极指向 S 极。当蹄形磁铁没有动作时，金属框也没有动作。当蹄形磁铁如图 4-37 所示运动时，金属框切割蹄形磁铁的 N 极与 S 极中间的磁力线并产生电流，根据右手定则可以判断电流的方向，利用左手定则可以分析金属框的受力。

2. 三相交流电产生旋转磁场现象

如图 4-38 所示，有三个角度相差 120°的绕组，它们分别是 U、V、W，它们的首端为 U_1、V_1、W_1，末端为 U_2、V_2、W_2。三个绕组的尾端 U_2、V_2、W_2 相互连接在一起，这种接法称为星形接法。此时，将三相交流电从三相绕组的首端通入，会发现绕组当中的小磁针随之旋转。

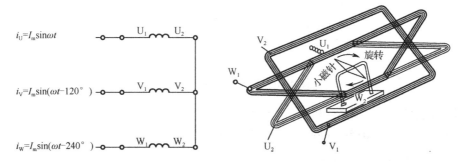

图 4-38　三个角度相差 120°的绕组

图 4-39 所示为绕组在定子铁芯中的示意图，将 U_1、V_1、W_1 接入三相电，U_2、V_2、W_2 相互连接构成了星形接法。三角形接法则是将 U_2 与 V_1、V_2 与 W_1、W_2 与 U_1 分别连接，从连接点上引出引线，接入三相交流电即可。按照此接法接线后，通入三相交流电，在铁芯中就会产生旋转磁场。

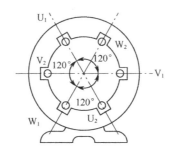

图 4-39　绕组在定子铁芯中的示意图

3. 旋转磁场的转速

当定子通入三相交流电时，铁芯中的空间产生旋转磁场，这个旋转磁场的转速称为"同步转速"，用 n_1 表示，单位是 r/min。同步转速的大小由三相交流电源的频率和磁极对数决定。如有一对磁极，电流变化一个周期，则旋转磁场旋转一圈；如有两对磁极，电流变化一个周期，则旋转磁场旋转半圈。两对磁极的旋转磁场如图 4-40 所示。

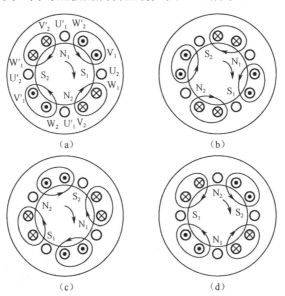

图 4-40　两对磁极的旋转磁场

我国三相交流电的工频是 50Hz（每秒 50 个周期），则一对磁极的旋转速度应为 $n_1=60f$，单位为 r/min，所以 $n_1=60\times50=3000$（r/min）。两对磁极的旋转速度为 $n_1=60\times50/2=1500$（r/min）。

所以旋转磁场的同步转速为

$$n_1=60f/p$$

式中，f——电流的频率；

p——定子绕组的磁极对数。

4. 转子的转速

转子的转速一般用 n 表示，根据前面分析的三相交流异步电动机的原理可知，转子是由于旋转磁场的拖动而运行的。所以分析可知，$n<n_1$，也就是说，转子的转速是小于旋转磁场的转速的，转子通过切割旋转磁场的磁力线产生感生电流，才能受到磁力矩的作用。如果 $n=n_1$，说明转子相对于旋转磁场来说没有运动，所以不会切割磁力线，不会产生感生电流，也就不会有磁力矩。在这种情况下，转子会在摩擦力等因素的影响下减小速度，使得转子的速度保持在旋转磁场的速度以下，这就是称之为异步电动机的原因。转子中的感生电流是由磁场产生的，所以这种电动机也称感应电动机。

5. 转差率

同步转速与转子转速的差与同步转速的比值称为三相交流异步电动机的转差率，公式为

$$S=(n_1-n)/n_1\times100\%$$

在三相交流异步电动机空载运行时，转子转速与同步转速的差很小，所以在空载的情况下转差率很小。随着负载的增大，转差率也增大。一般三相交流异步电动机在额定负载的情况下，其转差率很小，为 2%～6%。转差率是三相交流异步电动机的一个基本参数，反映了三相交流异步电动机的运行情况。

四、三相交流异步电动机的技术参数

Y 系列三相交流异步电动机是一般用途鼠笼式三相交流异步电动机的基本系列，它的中心高、功率等级、安装尺寸均符合国际电工委员会（IEC）标准，可以和国内外各类机械设备配套。

Y 系列三相交流异步电动机中心高为80～355mm，绝缘等级为B级，外壳防护等级为IP44，冷却方式为IC411，基本安装方式有 IMB3、IMB5、IMB35、V1、V3 等。

工作方式为 S1 连续工作制，要求环境温度为-15～40℃，海拔 1000m 以下，电压为 380V，频率为50Hz。接法：3kW 及以下为 Y 接法，4kW 及以上为△接法。

Y 系列三相交流异步电动机具有效率高、能耗少、噪声小、振动小、重量轻、体积小、性能优良、运行可靠、维护方便等优点，广泛用于工业、农业、建筑、采矿行业的各种无特殊要求的机械设备，如风机、水泵、机床、起重及农副产品加工机械等。

Y 系列三相交流异步电动机型号示例如图 4-41 所示。

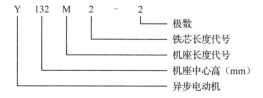

图 4-41 Y 系列三相交流异步电动机型号示例

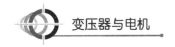

 基本技能

一、三相交流异步电动机的拆装

三相交流异步电动机在使用过程中因检查、维护等，需要经常拆卸、装配。只有掌握正确的拆卸和装配方法，才能保证修理质量。

（一）三相交流异步电动机的拆卸

拆卸之前，必须拆除三相交流异步电动机与外部的连线，并做好相位标记；准备好拆卸现场及常用工具，如图 4-42 所示。

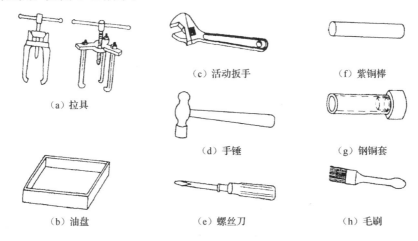

（a）拉具　　（b）油盘　　（c）活动扳手　　（d）手锤　　（e）螺丝刀　　（f）紫铜棒　　（g）钢铜套　　（h）毛刷

图 4-42　拆卸三相交流异步电动机的常用工具

1. 拆卸步骤

参考图 4-29 所示三相交流异步电动机的结构。

2. 主要部件的拆卸方法

1）带轮或联轴器的拆卸

（1）用粉笔标记好带轮的正反面，以免安装时装反。

（2）在带轮或联轴器的轴伸端做好标记，如图 4-43 所示。

（3）松下带轮或联轴器上的压紧螺钉或销子。

（4）在螺钉孔内注入煤油。

（5）按图 4-43 所示的方法安装好拉具，拉具螺杆的中心线要对准三相交流异步电动机轴的中心线，转动丝杠，掌握力度，把带轮或联轴器慢慢拉出，切忌硬拆，拉具顶端不得损坏转子轴端中心孔。在拆卸过程中，严禁用锤子直接敲击带轮，以免造成带轮或联轴器碎裂、轴变形、端盖受损。

（6）拆除风罩、风叶卡环、风叶。拆除风叶卡环时要使用专用的卡环钳，并注意防止风叶卡环弹出伤人。拆除风叶时最好使用拉具，以免风叶变形、损坏。

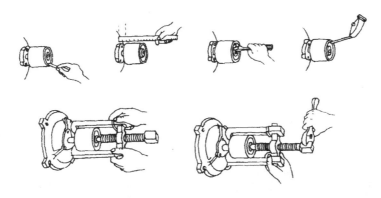

图 4-43　带轮或联轴器的拆卸

2）拆卸端盖和转子

拆卸前，先在机壳与端盖的接缝处（止口处）做好标记，以便复位。均匀拆除轴承盖及端盖螺栓，拿下轴承盖，再将两个螺栓旋于端盖上两个顶丝孔中，两螺栓均匀用力向里转（较大端盖要用吊绳将端盖先挂上），将端盖拿下。无顶丝孔时，可用铜棒对称敲打，卸下端盖，但不要过重敲击，以免损坏端盖。对于小型三相交流异步电动机来说，抽出转子是靠人工完成的，为防手滑或用力不均碰伤绕组，应将纸板垫在绕组端部进行操作。

3）轴承的拆卸、清洗

拆卸轴承应采用专用拉具，按图 4-44 所示的方法夹持轴承，应着力于轴承内圈，不能拉外圈，拉具顶端不得损坏转子轴端中心孔（可加些润滑脂），拉具的丝杠顶点要对准转子轴的中心，缓慢匀速地扳动丝杠。在轴承拆卸后，应将轴承用清洗剂洗干净，检查它是否损坏，是否需要更换。

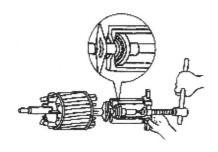

图 4-44　用专用拉具拆卸轴承

（二）三相交流异步电动机的装配

1. 装配步骤

（1）用压缩空气吹净三相交流异步电动机内部灰尘，检查各部零件的完整性，清洗油污，并直观检查绕组有无变色、焦化、脱落或擦伤，检查线圈是否松动、接头有无脱焊，如有上述现象则须修理。

（2）装配三相交流异步电动机的步骤与拆卸相反。装配前要检查定子内污物、铁锈是否清除，止口有无损伤。装配时应将各部件按标记复位，轴承应加适量润滑脂并检查轴承盖配

合是否合适。

2. 主要部件的装配方法

轴承装配可采用冷装配法和热套法（图4-45）。

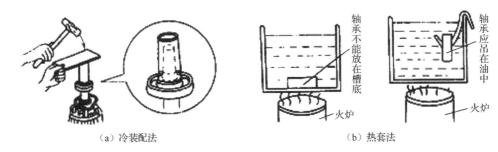

（a）冷装配法　　　　　　　　　　　　　　　（b）热套法

图 4-45　轴承的装配

1）冷装配法

在干净的轴颈上抹一层油，把轴承套上，按图4-45（a）所示的方法，准备一根内径略大于轴颈直径、外径略大于轴承内圈外径的铁管，将铁管的一端顶在轴承的内圈上，用锤子敲打铁管的另一端，将轴承敲进去。

2）热套法

如轴承配合较紧，为了避免把轴承内环胀裂或损伤配合面，可采用热套法。将轴承放在油锅里（或油槽里）加热，油的温度保持在100℃左右，轴承必须浸没在油中，且不能与锅底接触，可用铁丝将轴承吊起并架空，均匀加热 30～40min 后，把轴承取出，趁热迅速将轴承一直推到轴颈。

二、三相交流异步电动机定子绕组的绕制、嵌线和接线

三相交流异步电动机绕组被烧毁或老化后，就不能再使用了，只有拆除旧绕组、更换新绕组后，才能重新使用。

（一）绕线专用工具介绍

1. 绕线机

在工厂中绕制线圈都采用专用的大型绕线机。对于普通小型三相交流异步电动机的绕组，采可用小型手摇绕线机（图4-46、图4-47）。

2. 绕线模

绕制线圈必须在绕线模上进行，绕线模一般用质地较硬的木质材料或硬塑料制成，不易破裂和变形。

3. 划线板

划线板由竹子或硬质塑料等制成，如图4-48所示，划线端呈鸭嘴形或匕首形，划线板要

光滑、厚薄适中，要求能划入槽内 2/3 处。

图 4-46　小型指示式手摇绕线机　　　　图 4-47　小型数显式手摇绕线机
　　　　　　　　　　　　　　　　　　　　　　　（已安装好组合绕线模）

嵌入线圈时，最好能使全部导线都嵌入槽口的右端，两手捏住线圈逐渐向左移动，边移动边压，来回拉动，把全部导线都嵌进槽里。如果有一小部分导线剩在槽外，可用划线板逐根划入槽内。划入导线时，划线板必须从槽的一端划到另一端，并注意用力要适当，不可损伤导线绝缘。切忌随意乱划或局部按压，以免几根导线交叉地堵在槽口而无法嵌入。

4. 压线板

压线板一般用黄铜或低碳钢制成，如图 4-49 所示，当嵌完导线后，就利用压线板将蓬松的导线压实，使竹签能顺利打入槽内。

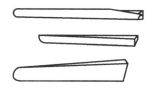

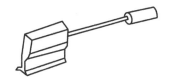

图 4-48　划线板　　　　　　　　图 4-49　压线板

如果槽内导线高低不平，可在压线板下衬聚酯薄膜，从槽口的一端插进槽里，用小铁锤轻轻敲打压线板背面，边敲边移动，直到把槽内导线压平、压实为止，如图 4-50 所示。

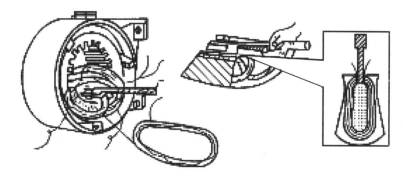

图 4-50　用压线板压实槽内导线示意图

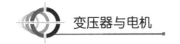

（二）绕组的绕制方法

1. 绕线模尺寸的确定

在线圈嵌线过程中，有时线圈嵌不下去，或嵌完后难以整形；线圈端部凸出，盖不上端盖，即便勉强盖上也会使导线与端盖相碰触而发生接地短路故障。这些都是绕线模的尺寸不合适造成的。绕线模的尺寸选得太小会造成嵌线困难；太大又会浪费导线，使导线难以整形，并且绕组电阻和端部漏抗都会增大，影响三相交流异步电动机的电气性能。因此，绕线模尺寸必须合适。

选择绕线模的方法：在拆线时应保留一个完整的旧线圈，作为选用新线圈的尺寸依据。新线圈尺寸可直接从旧线圈上测量得出。用一段导线按已确定的节距在定子上先测量一下，试做一个绕线模模型来决定绕线模尺寸。端部不要太长或太短，以方便嵌线为宜。

2. 绕线注意事项

① 新绕组所用导线的粗细、绕制匝数等，应按旧绕组的数据选择。

② 检查一下导线有无掉漆的地方，如有，须涂绝缘漆，晾干后才可绕线。

③ 绕线前，将绕线模正确地安装在绕线机上，用螺钉拧紧，导线放在绕线架上，将线圈始端留出的线头缠在绕线模的小钉上。

④ 摇动手柄，从左向右开始绕线。在绕线的过程中，导线在绕线模中要排列整齐、均匀，不得交叉或打结，并随时注意导线的质量，如果绝缘有损坏应及时修复。

⑤ 若在绕线过程中发生断线，可在绕完后再焊接接头，但必须把焊接点留在线圈的端接部分，不准留在槽内，因为在嵌线时槽内部分的导线要承受机械力，容易损坏。

⑥ 将扎线放入绕线模的扎线口中，绕到规定匝数时，将线圈从绕线槽上取下，逐一清数线圈匝数，不够的添上，多余的拆下，再用线绳扎好。然后按规定长度留出接线头，剪断导线，从绕线模上取下即可。

⑦ 采用连绕的方法可减少绕组间的接头。把几个同样的绕线模紧固在绕线机上，绕法同上，绕完一把用线绳扎好一把，直到全部完成。按次序把线圈从绕线模上取下，整齐地放在搁线架上，以免碰破导线绝缘层或把线圈搞脏、搞乱，影响线圈质量。

⑧ 绕线机长时间使用后，齿轮啮合不好，标度不准，一般不用于连绕；用于单把绕线时也应及时校正，绕后清数，确保匝数的准确性。

（三）嵌线的基本方法

嵌线就是根据绕组设计要求把一个个线圈放进定子槽内，组成整个绕组。嵌线质量高低直接决定三相交流异步电动机是否能达到规定的技术要求，所以嵌线工序是整个重嵌绕组工作中最重要的一环。一般三相交流异步电动机的嵌线工艺流程是：准备绝缘材料→放置槽绝缘→嵌线→封槽口→端部整形。

1. 绝缘材料的使用

三相交流异步电动机定子绕组绝缘分为槽绝缘、相绝缘和层间绝缘三种。槽绝缘用于槽内，是绕组与铁芯之间的绝缘。相绝缘又称端部绝缘，是用于绕组端部两相绕组之间的绝缘。层间绝缘是用于双层绕组上下层之间的绝缘。主绝缘材料要根据三相交流异步电动机的绝缘等级和电压等级来选择，并配以适当的补强材料，以保护主绝缘材料不受机械损伤。常用的绝缘材料有青壳纸、绝缘套管和棉线。

2. 绝缘材料的裁剪与放置

在槽内放置绝缘纸，绝缘纸露出槽的长度应该适中，太长会造成浪费，也易造成端盖损伤导线的故障；太短，绕组与铁芯的安全距离不够，使端部绝缘很难与槽绝缘衔接，造成嵌放端部绝缘失效。考虑到定子槽两端绝缘最容易损坏，一般将伸出铁芯槽外部分的绝缘材料尺寸加倍后折回，使槽外部分为双层，以增强槽口绝缘效果。

槽楔用来压住槽内导线，防止绝缘和导线松动。简易的槽楔一般用竹子制成。

绝缘纸的下法如图 4-51 所示。

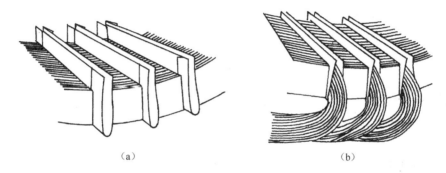

（a） （b）

图 4-51 绝缘纸的下法

3. 嵌线工艺

嵌线工艺的关键是保证线圈的位置和次序正确，绝缘良好。为使线圈按照正确的位置和顺序嵌入，嵌线前必须弄清楚三相交流异步电动机的极数、线圈节距、绕组形式和接线方法等，以保证嵌线的质量。

1）嵌线的一般方法

为了防止嵌线时线圈发生错乱，习惯上把三相交流异步电动机空壳定子有出线孔的一侧放在右手侧。嵌线时，也应该注意使所有线圈的引出线从定子腔的出线孔一侧引出。

嵌线时，须将线圈整理平整，把所要嵌的线圈捻成薄片状，一手将导线一根一根地推入槽内，另一手从定子腔另一侧将导线拉入线槽。若有小部分导线压不进槽里，可用划线板划入槽口，沿着槽的方向边划边压，把导线一根根地压入槽内。划线时划线板必须从槽的一端一直划至另一端，并且必须使所划导线全部嵌入槽中后，再划其余的导线。不能随意乱划或局部嵌压，以免几根导线产生交叉，堵在槽口无法嵌入，如图 4-52 所示。

2）单层绕组嵌线方法

线圈的一边嵌在槽里以后，线圈的另一边仍旧留在槽外。把第二个线圈放在相邻的槽内，它的另一边仍旧留在槽外，依次进行。单层绕组每个定子槽内只嵌入一个单层线圈边。每嵌好一组，应空出一定槽数再嵌第二组。若每组只有一个线圈，那么每嵌一个线圈边，应该空

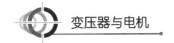

出一个槽；若每组有两个线圈，那么每嵌好一组的两个线圈就应该空出两个槽，再嵌第二组的两个线圈边，以此类推。空出的槽，是预备嵌放另外的线圈边的。

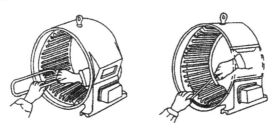

图 4-52　嵌线示意图

3）封槽口

嵌线完毕，把高出槽口的绝缘材料齐槽口剪平，把线压实，折合槽绝缘，包住导线，压实绝缘线，从一端把槽楔打入，槽楔比槽绝缘短 3mm，厚度不小于 2mm，其厚度以进槽后松紧适当为准，如图 4-53 所示。

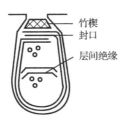

图 4-53　封槽口

4）放绕组端部相绝缘

相绝缘可使不同相的相邻绕组线圈端部相互绝缘。为保证三相绕组间的绝缘，在线圈组间必须放一层隔相纸，一般用 0.25mm 厚的青壳纸。隔相纸的形状、尺寸根据线圈端部的形状、尺寸而定，一般单层绕组隔相纸的形状接近圆环的一半。

隔相纸是在线圈全部嵌好后插入的，可将三相交流异步电动机竖直，使定子腔朝上，以便于操作。插入隔相纸之前，先用划线板将不同相的两个线圈稍微撬开一些，然后插入隔相纸，一插到底。必须注意检查，是否有导线漏隔到另一相线圈中。

隔相纸垫好后，最好测量一次每相线圈或极相组的对地绝缘电阻值，以及相邻两组线圈间的绝缘电阻值，以便及时发现故障隐患，避免将来拆检的麻烦。新嵌绕组的对地绝缘电阻值应该在 100MΩ 以上，不得低于 50MΩ。

5）绕组端部成形

线圈全部嵌完后，用橡皮锤将端部向外敲打，成为喇叭状。喇叭口的大小要合适，口过小会影响通风散热，放入转子也困难；口过大会使端部与机壳太近，影响绝缘。另外，喇叭口打成后要检查一下相绝缘，若在敲打中相绝缘破裂或有位移，应修补。

6）单层绕组穿线、嵌线工艺

绕制线圈时，各个线圈间的连线不剪断，在嵌线时须进行穿线，采用单层绕组穿线、嵌线工艺，可以节省接线盒焊接工时，节约铜线和提高绕组质量。工厂生产时一般采用这种方法。

7）包扎

端部整形后，要用白布带对绕组线圈进行统一包扎，因为虽然定子是静止不动的，但在三相交流异步电动机启动过程中，导线将受电磁力的作用而掀动。

（四）绕组接线

绕组接线分为内部接线和外部接线两部分。内部接线就是下线完毕后，把线圈的组与组连接起来，根据三相交流异步电动机的磁极数和绕组数，按照绕组的展开图把每相绕组顺次连接起来，组成一个完整的三相绕组线路；外部接线就是将三相绕组的 6 个线端（其中有 3 个首端、3 个尾端）按星形或三角形连接到接线排上，如图 4-54 所示。

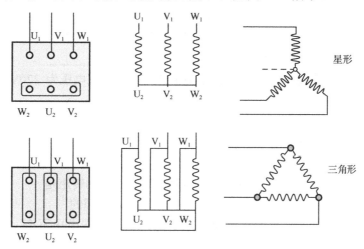

图 4-54　绕组的外部接线

任务评价

一、思考与练习

（一）填空题

1. 电动机是将_____能转换为_____能的设备。

2. 三相交流异步电动机主要由_____和_____两部分组成。

3. 三相交流异步电动机的定子铁芯用薄的硅钢片叠装而成，它是定子的_____路部分，其内表面冲有槽孔，用来嵌放_____。

4. 三相交流异步电动机的定子主要由_____和_____组成。

5. 三相交流异步电动机的转子主要由_____和_____组成。

6. 三相交流异步电动机的三相定子绕组通以_____，会产生_____。

7. 三相交流异步电动机旋转磁场的转速称为_____，它与电源频率和_____有关。

8. 三相交流异步电动机旋转磁场的转向是由_____决定的，运行中若旋转磁场的转向改变了，转子的转向_____。

9. 一台三相交流异步电动机，如果电源的频率为 50Hz，则定子旋转磁场每秒在空间转过

_____圈。

10. 三相交流异步电动机的转速取决于_____、_____和电源频率。

11. 在额定工作情况下的三相交流异步电动机，已知其转速为 960r/min，同步转速为_____，磁极对数为 3，转差率为_____。

12. 三相交流异步电动机的额定转矩应_____最大转矩。

13. 三相交流异步电动机机械负载加重时，其定子电流将_____。

14. 三相交流异步电动机旋转磁场的转速称为_____转速，它与_____和磁极对数有关。

15. 三相交流异步电动机的转速取决于磁极对数、_____和_____。

16. 三相交流异步电动机的额定功率是额定状态下转子轴上输出的机械功率，额定电流是满载时定子绕组的_____电流，其转子的转速_____旋转磁场的速度。

17. 三相交流异步电动机铭牌上所标额定电压是指绕组的_____。

18. 某三相交流异步电动机额定电压为 380/220V，当电源电压为 220V 时，定子绕组应接成_____；当电源电压为 380V 时，定子绕组应接成_____。

（二）选择题

1. 三相交流异步电动机旋转磁场的转向与（   ）有关。

A．电源频率　　　　B．转子转速　　　　C．电源相序

2. 当电源电压恒定时，异步电动机在满载和轻载下的启动转矩是（   ）。

A．完全相同的　　　B．完全不同的　　　C．基本相同的

3. 当三相交流异步电动机的机械负载增加时，如定子端电压不变，其旋转磁场速度（   ）。

A．增大　　　　　　B．减小　　　　　　C．不变

4. 当三相交流异步电动机的机械负载增加时，如定子端电压不变，其转子的转速（   ）。

A．增大　　　　　　B．减小　　　　　　C．不变

5. 当三相交流异步电动机的机械负载增加时，如定子端电压不变，其定子电流（   ）。

A．增大　　　　　　B．减小　　　　　　C．不变

6. 当三相交流异步电动机的机械负载增加时，如定子端电压不变，其输入功率（   ）。

A．增大　　　　　　B．减小　　　　　　C．不变

7. 鼠笼式三相交流异步电动机空载运行与满载运行相比，其电流（   ）。

A．大　　　　　　　B．小　　　　　　　C．相同

8. 鼠笼式三相交流异步电动机空载启动与满载启动相比，启动转矩（   ）。

A．大　　　　　　　B．小　　　　　　　C．不变

9. 三相交流异步电动机形成旋转磁场的条件是（   ）。

A．在三相绕组中通以任意的三相电流　　　B．在三相对称绕组中通以三个相等的电流

C．在三相对称绕组中通以三相对称的正弦交流电流

10. 降低电源电压后，三相交流异步电动机的启动转矩将（   ）。

A．减小　　　　　　B．不变　　　　　　C．增大

11. 降低电源电压后，三相交流异步电动机的启动电流将（   ）。

A．减小　　　　　　B．不变　　　　　　C．增大

12. 三相交流异步电动机在稳定运转情况下，电磁转矩与转差率的关系为（   ）。

A. 转矩与转差率无关　　　　　　　　　B. 转矩与转差率平方成正比

C. 转差率增大，转矩增大　　　　　　　D. 转差率减小，转矩增大

13. 某三相交流异步电动机的额定转速为735r/min，相对应的转差率为（   ）。

A. 0.265　　　　　B. 0.02　　　　　C. 0.51　　　　　D. 0.183

14. 三相交流异步电动机启动电流大的原因是（   ）。

A. 电压太高　　　　　　　　　　　　　B. 与旋转磁场相对速度太大

C. 负载转矩过大

15. 三相交流异步电动机的转动方向与（   ）有关。

A. 电源频率　　　　B. 转子转速　　　　C. 负载转矩　　　　D. 电源相序

16. 工频条件下，三相交流异步电动机的额定转速为1420r/min，则磁极对数为（   ）。

A. 1　　　　　　B. 2　　　　　　C. 3　　　　　　D. 4

17. 一台磁极对数为3的三相交流异步电动机，转差率为3%，则此时的转速为（   ）。

A. 2910r/min　　　　B. 1455r/min　　　　C. 970r/min

18. 一台三相交流异步电动机，其铭牌上标明额定电压为220/380V，其接法应是（   ）。

A. Y/△　　　　　B. △/Y　　　　　C. △/△　　　　　D. Y/Y

19. 三相交流异步电动机的额定功率是指电动机（   ）。

A. 输入的视在功率　　B. 输入的有功功率　　C. 产生的电磁功率　　D. 输出的机械功率

20. 绕组相间及对地的绝缘电阻值，用500V绝缘电阻表摇测，应不低于（   ）。

A. 0.38MΩ　　　　　B. 0.5MΩ　　　　　C. 1MΩ　　　　　D. 10MΩ

21. 有两台三相交流异步电动机，它们的额定功率相同，但额定转速不同，则（   ）。

A. 额定转速大的那台，其额定转矩大

B. 额定转速小的那台，其额定转矩大

C. 额定转矩相同

22. 一台三相交流异步电动机的负载转矩恒定不变，若电源电压下降，则在新的稳定运转情况下，定子绕组中电流将（   ）。

A. 不变　　　　　B. 增大　　　　　C. 减小

二、任务评价

1. 任务评价标准（表4-8）

表4-8　任务评价标准

任务检测		分值	评分标准	学生自评	教师评估	任务总评
任务知识和技能内容	熟悉三相交流异步电动机的结构	20	（1）了解定子的组成部分（3分） （2）了解定子绕组（4分） （3）会区分星形和三角形两种接法（4分） （4）了解转子的组成部分（3分） （5）了解气隙的大小对磁场的影响（6分）			

任 务 检 测		分值	评 分 标 准	学生自评	教师评估	任务总评
任务知识和技能内容	识读三相交流异步电动机铭牌及型号	20	（1）初步看懂铭牌上各项参数（4分） （2）了解三相交流异步电动机的型号（3分） （3）了解三相定子绕组的连接方式（2分） （4）理解三相交流异步电动机的技术参数（5分） （5）会计算有关参数（6分）			
	三相交流异步电动机的工作原理	10	（1）了解三相交流异步电动机的工作原理（4分） （2）会计算旋转磁场转速（3分） （3）会计算转差率（3分）			
	三相交流异步电动机的技术参数	10	（1）了解三相交流异步电动机的系列（5分） （2）会查阅不同型号电动机的技术参数（5分）			
	三相交流异步电动机的拆装	20	（1）三相交流异步电动机的拆卸（10分） （2）三相交流异步电动机的装配（10分）			
	三相交流异步电动机定子绕组的绕制与嵌线	20	（1）熟悉绕线、嵌线工具（5分） （2）会分析数据，会使用绕线盘绕组（5分） （3）会使用绝缘材料，能正确嵌线（5分） （4）会处理引出线头的接线（5分）			

2. 技能训练与测试

（1）练习三相交流异步电动机的拆卸和装配。

（2）练习三相交流异步电动机的绕组制作。

技能训练评估表见表4-9。

表4-9　技能训练评估表

项　　目	完成质量与成绩
拆卸	
装配	
绕线	
嵌线	
接线	

三、任务小结

（1）三相交流异步电动机在生活、生产中应用广泛。

（2）三相交流异步电动机主要由定子和转子两部分组成，其中定子为固定部分，转子为转动部分。

（3）三相交流异步电动机在出厂时，机座上都固定着一块铭牌，铭牌上标注了主要性能和技术数据。

（4）三相交流异步电动机利用旋转磁场带动转子来实现把电能转换成机械能。

（5）Y系列三相交流异步电动机是一般用途鼠笼式三相交流异步电动机基本系列，它的中心高、功率等级、安装尺寸均符合国际电工委员会标准，产品可以和国内外各类机械设备配套。

（6）三相交流异步电动机在使用过程中因检查、维护等原因，需要经常拆卸、装配。只有掌握正确的拆卸和装配方法，才能保证修理质量。

（7）绕组烧毁或老化后，就不能再使用了，只有拆除旧绕组、更换新绕组后，才能重新使用。

项目五

三相交流异步电动机的控制

知识目标

（1）掌握三相交流异步电动机正反转控制原理。

（2）掌握三相交流异步电动机星三角控制原理。

（3）掌握三相交流异步电动机的顺序控制方式及原理。

（4）掌握三相交流异步电动机的调速及制动控制电路的原理。

技能目标

（1）掌握三相交流异步电动机的点动安装方法。

（2）掌握三相交流异步电动机的长动安装方法。

不同的生产机械，其工作性质和加工工艺要求不同，对三相交流异步电动机的运行要求多种多样，因此对三相交流异步电动机的控制要求也不同。为了使三相交流异步电动机能够按照生产机械的生产要求正常运转，必须将电气设备按一定的标准配置在一起，组成相应的控制线路，达到生产目的。

基本知识

一、三相交流异步电动机正反转控制

在生产实践中，许多生产机械要求三相交流异步电动机能正反转，也就是实现可逆运行。可逆运行控制线路实质上是两个方向相反的单向运行线路的组合，按照三相交流异步电动机正反转操作顺序的不同，分为正停反和正反停两种情况。在生产实践中，一般还应在这两个相反的单向运行线路中加设联锁机构，以避免误操作引起的电源相间短路。

（一）常见三相交流异步电动机正反转控制

1. 常见三相交流异步电动机正反转控制方法

三相交流异步电动机要实现正反转控制，须将其电源进线中任意两相相序对调，一般 V 相不变，将 U 相与 W 相对调，为了保证两个接触器动作时能够可靠调换三相交流异步电动机的相序，接线时应使接触器的上口接线保持一致，在接触器的下口调相。由于将两相相序对调，故须确保两个 KM 线圈不能同时通电，否则会发生严重的相间短路故障，因此必须采取联锁的方式。改变电源进线任意两相相序示意图如图 5-1 所示。

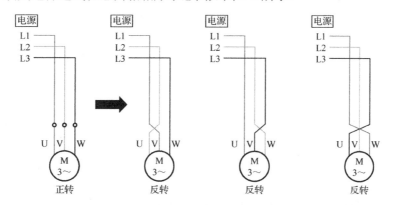

图 5-1　改变电源进线任意两相相序示意图

2. 常见三相交流异步电动机正反转控制原理图

常见三相交流异步电动机正反转控制原理图如图 5-2 所示。

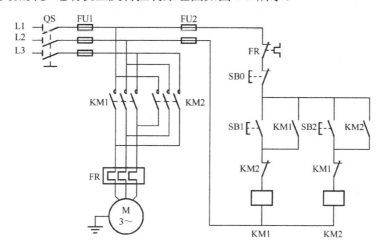

图 5-2　常见三相交流异步电动机正反转控制原理图

在图 5-2 中，常见的三相交流异步电动机正反转控制电路主要由两大部分组成，分别是主电路和控制电路。

主电路主要包括：总开关 QS，三相电源 U（L1）、V（L2）、W（L3），短路保护装置 FU1，正转接触器 KM1 和反转接触器 KM2，过载保护装置 FR，定子绕组。

控制电路主要包括：总开关 QS，两相电源 U（L1）、V（L2），短路保护装置 FU2，常闭热继电器按钮，停止按钮 SB0，正转启动按钮 SB1，反转启动按钮 SB2，正转接触器 KM1 和反转接触器 KM2，联锁触点。

3. 常见三相交流异步电动机正反转控制原理图分析

1）三相交流异步电动机正反转时的电源相序状态

① 正转：闭合总开关 QS，按下正转启动按钮 SB1，电路接通，电源相序为 U-V-W

（L1-L2-L3）。

② 反转：闭合总开关 QS，按下反转启动按钮 SB2，电路接通，电源相序为 U-W-V（L1-L3-L2），以改变其中 W、V（L2、L3）两相的相序为例。

如果三相交流异步电动机处于正转状态，要想使它改变现有状态而进入反转状态，必须先按下 SB0 按钮使三相交流异步电动机停止转动，再按下 SB2 按钮，使三相交流异步电动机反转；反之亦然。

2）三相交流异步电动机正转时的控制过程分析

图 5-2 中主回路有两个接触器，即正转接触器 KM1 和反转接触器 KM2。当 KM1 的三对主触点接通时，三相电源的相序按 U-V-W（L1-L2-L3）接入三相交流异步电动机，三相交流异步电动机就会处于正转状态，其控制过程如下。

先闭合总开关 QS，再按下 SB1 按钮。当按下 SB1 按钮时，正转接触器 KM1 线圈通电，与 SB1 并联的 KM1 的辅助常开触点闭合，以保证 KM1 线圈持续通电，串联在主电路中的 KM1 的主触点持续闭合，三相交流异步电动机就处于持续正转状态。

3）三相交流异步电动机反转时的控制过程分析

当 KM1 的三对主触点断开，KM2 的三对主触点接通时，三相电源的相序按 W-V-U（L3-L2-L1）接入三相交流异步电动机，三相交流异步电动机就向相反方向转动。其控制过程如下。

按下 SB0 按钮，KM1 线圈断电，与 SB1 并联的 KM1 的辅助触点断开，以保证 KM1 线圈持续失电，串联在三相交流异步电动机回路中的 KM1 的主触点持续断开，三相交流异步电动机定子电源被切断，正转停止。

然后松开 SB0 按钮，按下 SB2 按钮，KM2 线圈通电，与 SB2 并联的 KM2 的辅助常开触点闭合，以保证 KM2 线圈持续通电，串联在三相交流异步电动机回路中的 KM2 的主触点持续闭合，三相交流异步电动机持续反转。

（二）按钮、接触器双重联锁正反转控制

三相交流异步电动机正反转运行时，要求 KM1 和 KM2 不能同时接通电源，否则它们的主触点将同时闭合，会造成 U（L1）、W（L3）两相电源短路。为了避免事故的发生，在控制电路中分别在 KM1 和 KM2 支路中相互串联对方的一对辅助常闭触点，以保证 KM1 和 KM2 不能同时接通电源，实现联锁或互锁。

1. 按钮、接触器双重联锁正反转控制原理图

按钮、接触器双重联锁正反转控制原理图如图 5-3 所示。

2. 电路组成

主回路主要包括：总开关 QS，三相电源 U（L1）、V（L2）、W（L3），短路保护装置 FU1，KM1、KM2 的主触点，过载保护装置 FR，定子绕组。

控制电路主要包括：总开关 QS，两相电源 U（L1）、V（L2），短路保护装置 FU2，常闭热继电器按钮，正转启动按钮 SB1，反转启动按钮 SB2，停止按钮 SB3，正转接触器 KM1 和反转接触器 KM2，联锁触点。

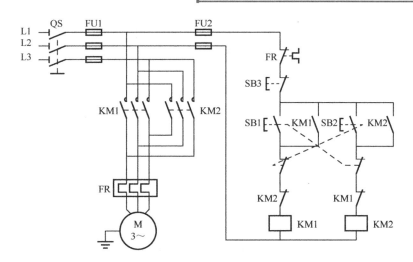

图 5-3 按钮、接触器双重联锁正反转控制原理图

3. 电路工作过程分析

1）正转控制

将总开关 QS 闭合，按下正转启动按钮 SB1，SB1 常闭触点先断开，同时断开 KM2 的联锁触点，反转控制电路被切断；SB1 常开触点后闭合，KM1 线圈通电，控制电路中的 KM1 自锁触点闭合，与 KM2 串联的 KM1 联锁触点断开，主电路中 KM1 主触点闭合，三相交流异步电动机正转。

2）反转控制

按下反转启动按钮 SB2，SB2 常闭触点先断开，同时断开 KM1 的联锁触点，正转控制电路被切断；SB2 常开触点后闭合，KM2 线圈通电，控制电路中的 KM2 自锁触点闭合，与 KM1 串联的 KM2 联锁触点断开，主电路中 KM2 主触点闭合，三相交流异步电动机反转。

3）停止

按下停止按钮 SB3，控制电路整体失电，接触器线圈失电，接触器各个触点复位，三相交流异步电动机停转。

二、三相交流异步电动机星三角控制

三相交流异步电动机具有结构简单、价格便宜、可靠性高等优点，所以被广泛应用。但其启动过程中电流较大，启动电流是额定电流的 4～7 倍，启动时要限制启动电流，故采用降压启动。采用星三角（星形-三角形）降压启动时，启动电流只有按三角形接法直接启动时的 1/3。

星三角降压启动是指把定子绕组接成星形，以降低启动电压，限制启动电流；启动后，再把定子绕组改接成三角形，全压运行。

（一）三相交流异步电动机星三角控制的含义

三相交流异步电动机星形接法和三角形接法都是指绕组接法。星形接法是指将各相绕组的一端都接在一点上，而它们的另一端为三个相线。三角形接法是指把第一相的首端与第二

变压器与电机

相的尾端连在一起，引出一根线；第二相的首端与第三相的尾端连在一起，引出一根线；第三相的首端与第一相的尾端连在一起，引出一根线。

星形、三角形接法示意图如图 5-4 所示。

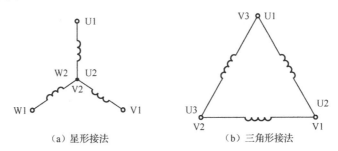

（a）星形接法　　　　　（b）三角形接法

图 5-4　星形、三角形接法示意图

（二）星三角控制的适用情况

1. 适用直接启动的情况

满足下列条件中的一个时可以直接启动：

（1）容量在 7.5kW 以下的三相交流异步电动机。

（2）启动瞬间造成的电网电压波动小于 10%，对于不经常启动的可以放宽到 15%；专用的三相变压器大于 5P，且允许直接频繁启动。

（3）满足下列经验公式：

$$I_{ST}/I_N<0.75+S_T/4P_N$$

式中，S_T——公用变压器容量，kV·A；

　　　P_N——额定功率，kW；

　　　I_{ST}/I_N——启动电流与额定电流之比。

2. 适用星三角启动的情况

当负载对启动力矩无严格要求时可限制电动机启动电流。如果启动时负载轻、运行时负载重，也可采用星三角启动。

（三）按钮、接触器控制的星三角降压启动

1. 原理图

按钮、接触器控制的星三角降压启动原理图如图 5-5 所示。

2. 电路组成

主回路主要包括：总开关 QS，三相电源 U（L1）、V（L2）、W（L3），短路保护装置 FU1，KM、KM_Y、$KM_\triangle$的主触点，过载保护装置 FR，定子绕组。

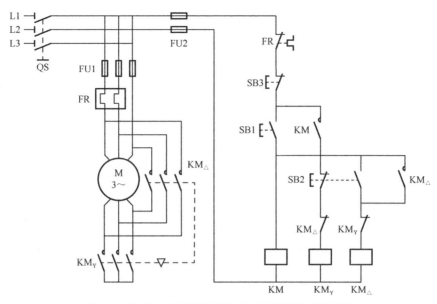

图 5-5　按钮、接触器控制的星三角降压启动原理图

控制电路主要包括：总开关 QS，两相电源 U（L1）、V（L2），短路保护装置 FU2，常闭热继电器按钮 FR，星形降压启动按钮 SB1，三角形降压启动按钮 SB2，停止按钮 SB3，星形降压启动接触器 KM_Y 和三角形降压启动接触器 $KM_\triangle$，联锁触点。

3. 工作过程分析

1）星形降压启动

将总开关 QS 闭合，按下 SB1 按钮，KM、KM_Y 线圈通电，KM 自锁触点闭合，KM_Y 互锁触点断开，主电路中 KM 主触点闭合、KM_Y 主触点闭合，开始星形降压启动。

2）三角形连接全压运行

当转速上升到接近额定值时，按下三角形降压启动按钮 SB2，SB2 动合触点闭合，SB2 动断触点断开，KM_Y 线圈断电，KM_Y 互锁触点恢复闭合，主电路中 KM_Y 主触点断开，$KM_\triangle$ 线圈通电，$KM_\triangle$ 互锁触点断开，$KM_\triangle$ 自锁触点闭合，$KM_\triangle$ 主触点闭合，电动机开始全压运行。

（四）时间继电器自动控制星三角降压启动

1. 电路原理图

时间继电器自动控制星三角降压启动电路原理图如图 5-6 所示。

2. 电路组成

主回路主要包括：总开关 QS，三相电源 U（L1）、V（L2）、W（L3），短路保护装置 FU1，KM、KM_Y 和 $KM_\triangle$ 的主触点，过载保护装置 FR，定子绕组。

控制电路主要包括：总开关 QS，两相电源 U（L1）、V（L2），短路保护装置 FU2，常闭热继电器按钮 FR，停止按钮 SB2，时间继电器 KT，星三角启动常开按钮 SB1，交流接触器 KM、KM_Y 和 $KM_\triangle$。

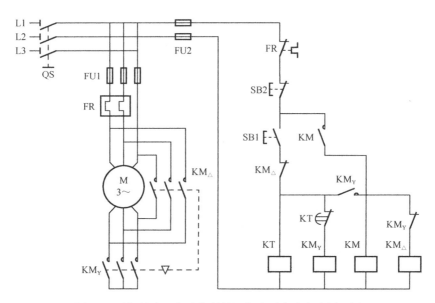

图 5-6　时间继电器自动控制星三角降压启动电路原理图

3. 工作过程分析

1）星形降压启动

将电源总开关 QS 闭合，按下 SB1 按钮，时间继电器 KT 线圈通电，KM_Y 线圈通电，控制电路中与 $KM_\triangle$ 串联的 KM_Y 常闭互锁触点断开，主电路中 KM_Y 主触点闭合，控制电路中 KM_Y 动合触点闭合，KM 线圈通电，KM 自锁触点闭合，KM 主触点闭合，开始星形降压启动。

2）三角形连接全压运行

当转速上升到一定数值时，时间继电器 KT 常闭触点断开，KM_Y 线圈断电，KM_Y 主触点断开，控制电路中 KM_Y 动合触点断开，与 $KM_\triangle$ 串联的 KM_Y 常闭互锁触点闭合，$KM_\triangle$ 线圈通电，与 KT 串联的 $KM_\triangle$ 互锁触点断开，KT 线圈断电，KT 常闭触点闭合，主电路中 $KM_\triangle$ 主触点闭合，电动机开始全压运行。

三、三相交流异步电动机顺序控制

在一般的生产机械上都装有多台三相交流异步电动机，而每台三相交流异步电动机在生产时所起的作用不同，需要按一定的生产要求启动或停止。按一定的先后顺序来完成启动或停止的控制方式称为三相交流异步电动机的顺序控制，包括主电路的顺序控制和控制电路的顺序控制。

（一）主电路的顺序控制

1. 原理图

主电路顺序启动控制电路原理图如图 5-7 所示。

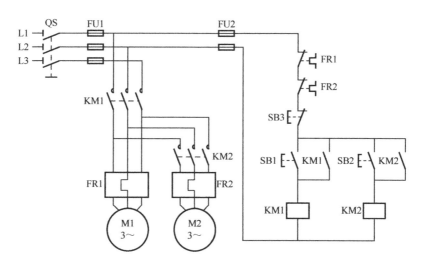

图 5-7　主电路顺序启动控制电路原理图

2. 电路组成

主电路顺序启动控制电路组成如下。

主电路主要包括：总开关 QS，两个接触器 KM1 和 KM2 主触点，短路保护装置 FU1，过载保护装置 FR1 和 FR2，两台三相交流异步电动机。

控制电路包括：短路保护装置 FU2，常闭热继电器按钮 FR1 和 FR2，停止按钮 SB3，M1 启动按钮 SB1，M2 启动按钮 SB2，KM1、KM2 联锁触点，M1 启动接触器 KM1 和 M2 启动接触器 KM2。

3. 工作原理

主电路顺序启动控制电路的工作过程：首先合上总开关 QS，然后按下 M1 启动按钮 SB1，M1 启动接触器 KM1 线圈得电，KM1 的自锁触点闭合，对 KM1 自锁；KM1 主触点闭合，M1 正转启动；松开 M1 启动按钮 SB1，M1 继续转动；然后按下 SB2，KM2 的线圈得电，KM2 的自锁触点闭合，对 KM2 自锁；KM2 主触点闭合，M2 正转启动；松开 SB2，则 M1、M2 继续转动；当按下停止按钮 SB3 时，KM1、KM2 的线圈断电，动合辅助触点断开，解除自锁，动合主触点断开，M1、M2 停转。停止使用时，断开总开关 QS。

在主电路的顺序控制中只有当 KM1 闭合，M1 启动运转后，KM2 才能使 M2 得电启动，满足 M1、M2 顺序启动的要求。

（二）控制电路的顺序控制

1. 手动顺序控制电路

1）电路原理图

手动顺序控制电路原理图如图 5-8 所示。

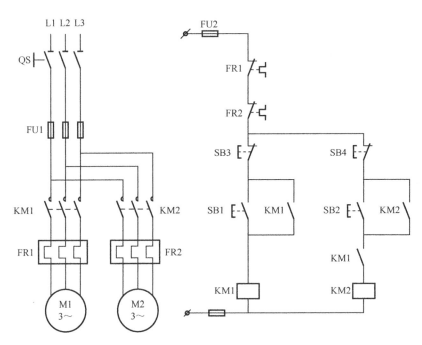

图 5-8 手动顺序控制电路原理图

2）电路组成

主电路主要包括：总开关 QS，短路保护装置 FU1，KM1 和 KM2 的主触点，过载保护装置 FR1 和 FR2，两台三相交流异步电动机 M1 和 M2。

控制电路包括：常闭热继电器按钮 FR1 和 FR2，停止按钮 SB1 和 SB3，M1 启动按钮 SB2，M2 启动按钮 SB4，KM1、KM2 联锁触点，M1 启动接触器 KM1 和 M2 启动接触器 KM2。

在 M2 的控制电路中串接了 KM1 的常开触点，只有 KM1 常闭触点闭合，M1 启动后，KM2 线圈才能得电，M2 才能启动。

3）工作原理

先合上总开关 QS，然后按下 M1 启动按钮 SB1，M1 启动接触器 KM1 线圈得电，KM1 的自锁触点闭合，对 KM1 自锁，串联在 M2 启动按钮 SB2 下面的 KM1 的联锁触点闭合，KM1 主触点闭合，M1 正转启动；松开 SB1 按钮，M1 继续转动；然后按下 SB2，KM2 的线圈得电，KM2 的自锁触点闭合，对 KM2 自锁，KM2 主触点闭合，电动机 M2 正转启动；松开 SB2 按钮，则 M1、M2 继续转动；当按下 SB3 或 SB4 按钮时，KM1 或 KM2 的线圈断电，动合辅助触点断开，解除自锁，动合主触点断开，M1 或 M2 停转。停止使用时，断开总开关 QS。

2. 自动延时顺序控制电路

1）电路原理图

自动延时顺序控制电路原理图如图 5-9 所示。

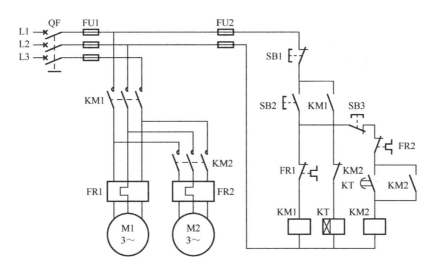

图 5-9　自动延时顺序控制电路原理图

2）电路组成

主电路主要包括：总开关 QF，短路保护装置 FU1，KM1 和 KM2 主触点，过载保护装置 FR1 和 FR2，两台三相交流异步电动机 M1 和 M2。

控制电路主要包括：热继电器按钮 FR1 和 FR2，停止按钮 SB1 和 SB3，启动按钮 SB2，时间继电器 KT 联锁触点，交流接触器 KM1、KM2，时间继电器 KT。

3）工作原理

合上总开关 QF，按下 SB2 按钮，KM1 得电自锁，KM1 主触点闭合，M1 正转启动；时间继电器 KT 得电，到达 KT 的设定时间后，KT 的常开触点闭合，KM2 线圈得电，KM2 的自锁触点闭合，对 KM2 自锁，同时 KM2 的常闭触点断开，使 KT 复位，KM2 主触点闭合，M2 正转启动；按下 SB3 按钮则 M2 停止，按下 SB1 按钮则 M1 和 M2 同时停止。

四、三相交流异步电动机的调速

在电力拖动自动控制系统中，三相交流异步电动机有很多优点，广泛应用于各种生产机械。但它也有缺点，即调速性能较差。在负载不变的情况下，根据生产机械的一些工作要求，人为地改变三相交流异步电动机的转速，这就是三相交流异步电动机的调速。三相交流异步电动机的调速方法很多，可以采用机械调速，也可以采用电气调速，下面主要介绍电气调速。

根据三相交流异步电动机的转速公式可知，其转速与电源频率成正比，与电动机磁极对数成反比，还与转差率有关。

目前改变三相交流异步电动机转速的常用方法有三种：变频调速、变极调速和变转差率调速。

（一）变频调速

变频调速是指通过改变电源的频率来改变转速。采用一套专用的变频器来改变电源的频率以实现变频调速。

其原理是通过改变三相交流异步电动机供电电源频率来改变同步转速，以实现调速。图 5-10 所示为变频调速原理示意图。变频器主要由整流器和逆变器两部分组成。整流器先将外接 50Hz 交流电转换成电压可调的直流电，再将直流电通过逆变器转换成频率连续可调的三相交流电。在变频器的输出端根据需要输出相应的电源频率，这样就可实现三相交流异步电动机的无级调速。

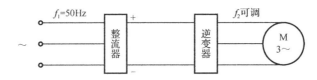

图 5-10   变频调速原理示意图

（二）变极调速

变极调速是指通过改变三相交流异步电动机定子绕组的接线来改变磁极对数，从而实现调速的方法。只有当定子、转子的磁极对数相同时，两者磁势才能相互作用产生恒定的电磁转矩，所以只有鼠笼式三相交流异步电动机才适用于变极调速。由于磁极都是成对出现的，所以变极调速是有级调速。

1. 电动机定子绕组的连接形式

电动机定子绕组的连接形式如图 5-11 所示。

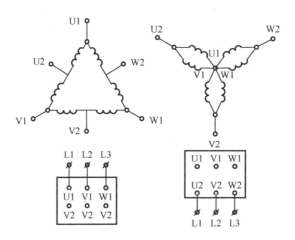

图 5-11   电动机定子绕组的连接形式

2. 电路原理图

变极调速控制电路原理图如图 5-12 所示。

3. 电路组成

电路主要包括总开关 QS，主电路总开关 QF1、QF2，短路保护装置 FU，热继电保护器

FR1、FR2，低速启动按钮 SB2，高速启动按钮 SB3，交流接触器 KM1、KM2、KM3，指示灯 HL1、HL2、HL3、HL4、HL5。

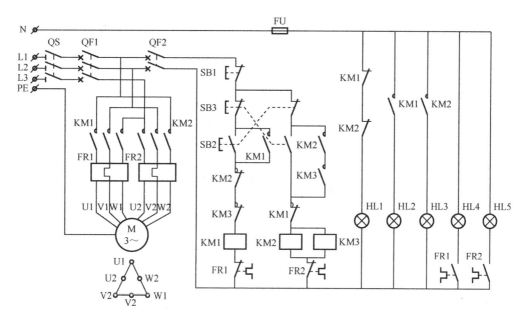

图 5-12　变极调速控制电路原理图

4. 工作原理分析

低速启动过程：按下低速启动按钮 SB2，其一组常闭触点断开，切断 KM2、KM3 线圈回路电源，起到停止高速及按钮互锁作用；其另一组常开触点闭合，KM1 线圈得电吸合，KM1 并联在低速启动按钮 SB2 两端的辅助常开触点闭合并自锁，KM1 三相主触点闭合，指示灯 HL1 灭、HL2 亮，进入三角形连接低速运行状态。

高速启动过程：按下高速启动按钮 SB3，其一组常闭触点断开，切断 KM1 线圈回路电源，使 KM1 断电释放，其在主电路中的主触点断开，电动机低速运行停止；SB3 另一组常开触点闭合，KM2、KM3 线圈通电吸合，KM2、KM3 并联在高速启动按钮 SB3 两端的辅助常开触点闭合并自锁，KM2 在主电路中的主触点闭合，接通高速绕组电源，KM3 主触点闭合，指示灯 HL2 灭、HL3 亮，进入双星形连接高速运行状态。

HL4 为低速过载指示灯，HL5 为高速过载指示灯。

（三）变转差率调速

在绕线式三相交流异步电动机中，可以通过在转子中串入启动电阻增大转差率的方式改变转速，串入的电阻越大，转速越低。

1. 电路原理图

变转差率调速控制电路原理图如图 5-13 所示。

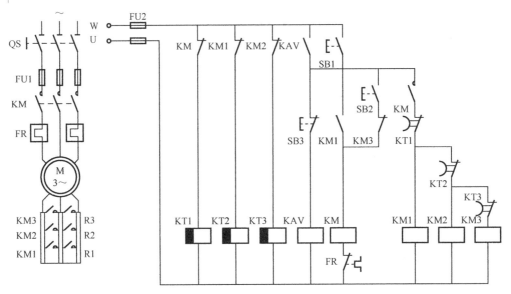

图 5-13　变转差率调速控制电路原理图

2. 电路组成

电路主要包括总开关 QS，短路保护装置 FU1、FU2，热继电保护器 FR，启动按钮 SB1、SB2，停止按钮 SB3，交流接触器 KM、KM1、KM2、KM3，时间继电器 KT1、KT2、KT3，欠电压继电器 KAV，三级启动电阻，三相交流异步电动机。

3. 电路原理分析

在转子回路中串接三级启动电阻，通过接触器开关逐步切换接入转子的电阻，改变转差率，从而改变转速。

合上总开关 QS 后，时间继电器 KT1、KT2、KT3 通电，它们对应的延时闭合的常闭触点瞬时断开，接触器 KM1、KM2、KM3 暂时不能接通，定子绕组加载额定电压启动，转子电路中串接启动电阻 R1、R2 与 R3，改变启动转速。

按下启动按钮 SB1，接通欠电压继电器 KAV，它的动合触点闭合，当电源电压严重降低或电路突然失电时，欠电压继电器 KAV 的动合触点断开，对电路起到保护作用。

按下 SB2，KM 线圈通电，主电路中的主触点闭合，定子绕组加载额定电压开始启动；控制电路中的动断辅助触点断开，时间继电器 KT1 断电，延时闭合的常闭触点在设定的一段时间后闭合，KM1 接通，转子电路中串接的启动电阻 R1 从电路中断开，只有启动电阻 R2、R3 参与启动加速。

KM1 接通后，它的动断触点断开，时间继电器 KT2 断电，它的延时闭合常闭触点在一段时间后闭合，KM2 线圈通电，主电路中 KM2 的主触点闭合，转子串接的启动电阻 R2 被断开，这时在转子电路中只有启动电阻 R3 参与启动加速。

接触器 KM2 接通后，它的动断触点断开，时间继电器 KT3 断电，它的延时闭合常闭触点在一段时间后闭合，KM3 线圈通电，主电路中 KM3 的主触点闭合，转子串接的启动电阻 R3 被断开，这时在转子电路中无外加电阻，启动过程结束。

五、三相交流异步电动机的制动

三相交流异步电动机在断开电源之后，要经过一定时间才能慢慢停下来，但有时一些生产机械却要求快速而准确地停车，这时就必须进行必要的制动控制。制动方法通常可以分为两大类：机械制动和电气制动。

（一）机械制动

机械制动是指当定子绕组断开电源后，利用机械装置使三相交流异步电动机停转（或限制其转动）。机械制动一般利用电磁抱闸的方法实现。

1. 电磁抱闸制动器

1）电磁抱闸制动器工作示意图

电磁抱闸制动器工作示意图如图 5-14 所示。

2）结构组成

电磁抱闸制动器主要由两部分组成：制动电磁铁和闸瓦制动器。制动电磁铁由铁芯、衔铁和线圈三部分组成。闸瓦制动器包括闸轮、闸瓦和弹簧等，闸轮与三相交流异步电动机装在同一根转轴上。

3）工作原理

三相交流异步电动机接通电源，线圈得电，衔铁吸合，克服弹簧的拉力使闸瓦与闸轮分开，三相交流异步电动机正常运转。断开开关或接触器，三相交流异步电动机失电，线圈也失电，衔铁在弹簧拉力作用下与铁芯分开，并使闸瓦紧紧抱住闸轮，三相交流异步电动机被制动而停转。

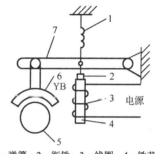

1—弹簧；2—衔铁；3—线圈；4—铁芯；
5—闸轮；6—闸瓦；7—杠杆

图 5-14　电磁抱闸制动器工作示意图

2. 电磁抱闸制动控制工作原理

1）电磁抱闸制动控制电路原理图

电磁抱闸制动控制电路原理图如图 5-15 所示。

2）电路组成

电路包括总开关 QS，短路保护装置 FU1、FU2，热继电保护器 FR，启动按钮 SB2，停止按钮 SB1，交流接触器 KM，电磁抱闸线圈 YB，三相交流异步电动机。

3）工作原理

将总开关 QS 闭合，然后按下 SB2 按钮，KM 线圈得电，KM 自锁触点闭合并自锁，同时电磁抱闸线圈 YB 得电，闸瓦和闸轮分开，主电路中 KM 的主触点闭合，三相交流异步电动机通电转动。

按下停止按钮 SB1，KM 线圈失电，KM 自锁触点断开，自锁功能失效，同时主电路中 KM 的主触点断开，三相交流异步电动机失电，电磁抱闸线圈 YB 也失电，闸瓦和闸轮抱紧，三相交流异步电动机停止转动。

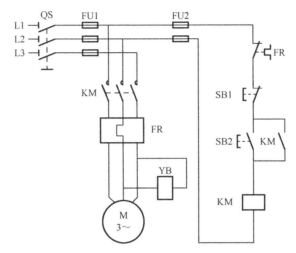

图 5-15　电磁抱闸制动控制电路原理图

（二）电气制动

电气制动是指在三相交流异步电动机停转过程中，产生一个与转子转向相反的电磁力矩，使三相交流异步电动机停止转动。电气制动一般有能耗制动、反接制动和电容制动三种方法。

1. 能耗制动

能耗制动是指切断总电源后，将直流电流通入定子绕组，在定子、转子之间的空隙中产生一定的静止磁场，由于惯性作用而转动的转子导体切割该磁场形成相应的感应电流，同时产生与惯性作用转动方向相反的电磁力矩，三相交流异步电动机由于受到与原转动方向相反的力矩作用而迅速停转，在电动机停转后将直流电源切除，制动结束。

1）能耗制动电路原理图

能耗制动电路原理图如图 5-16 所示。

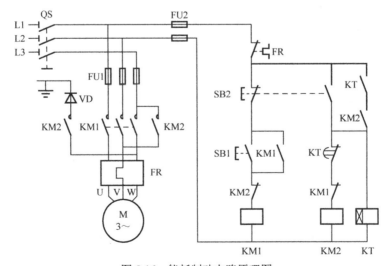

图 5-16　能耗制动电路原理图

2）电路组成

电路包括总开关 QS，短路保护装置 FU1、FU2，热继电保护器 FR，启动按钮 SB1，制动按钮 SB2，交流接触器 KM1、KM2，时间继电器 KT，整流二极管 VD，三相交流异步电动机 M。

3）工作原理

将总开关 QS 闭合，按下启动按钮 SB1，则交流接触器 KM1 线圈得电，控制电路中的 KM1 自锁触点闭合并自锁，主电路中的 KM1 主触点闭合，三相交流异步电动机得电转动。控制电路中的 KM1 常闭联锁触点断开，保证了在三相交流异步电动机转动过程中 KM2 不会误动作而制动。

按下制动按钮 SB2，SB2 常闭触点断开，KM1 线圈断电，控制电路中的 KM1 自锁触点断开，主电路中的 KM1 主触点断开，三相交流异步电动机断电后惯性运动，控制电路中的 KM1 常闭联锁触点重新闭合，KM2 线圈、时间继电器 KT 线圈得电。

2. 反接制动

反接制动主要是指在三相交流异步电动机需要制动时，改变定子绕组任意两相的相序，使定子的旋转磁场反向旋转，在转子上产生与原来相反的电磁转矩，产生制动效果。

1）反接制动电路原理图

反接制动电路原理图如图 5-17 所示。

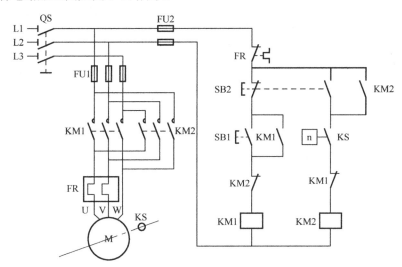

图 5-17　反接制动电路原理图

2）电路组成

电路包括总开关 QS，短路保护装置 FU1、FU2，热继电保护器 FR，启动按钮 SB1，制动按钮 SB2，交流接触器 KM1、KM2，速度继电器 KS，限流电阻，三相交流异步电动机 M。

3）工作原理

① 速度继电器的构成及工作原理。

速度继电器的结构示意图如图 5-18 所示。

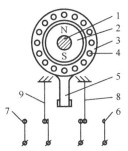

1—转轴；2—转子；3—定子；4—绕组；5—定子柄；6—静触点；7—动触点；8、9—簧片

图 5-18 速度继电器的结构示意图

速度继电器是根据速度大小信号使继电器动作，配合接触器实现运行控制的一种装置。

速度继电器靠电磁感应原理实现触点动作。其主要由定子、转子和触点组成。定子是一个笼型空心圆环，由硅钢片冲压而成，装有笼型绕组。转子是一个圆柱形永久磁铁。

它的轴与三相交流异步电动机的轴相连，转子固定在轴上，定子与轴同心。三相交流异步电动机运转时，继电器的转子也随之转动，绕组切割磁场产生相应的感应电动势和感应电流，该感应电流与永久磁铁的磁场相互作用产生转矩，使定子向轴的转动方向摆动，通过定子柄拨动触点，常闭触点断开、常开触点闭合。当三相交流异步电动机转速下降到接近零时，转矩减小，定子柄在弹簧力的作用下恢复原位，触点也恢复原位。当三相交流异步电动机正常运转时，速度继电器的常开触点闭合；当三相交流异步电动机停车、转速接近零时，速度继电器常开触点断开，切断接触器的线圈电路。

② 反接制动电路工作原理。

合上总开关 QS，按下启动按钮 SB1，KM1 线圈得电，控制电路中 KM1 自锁触点闭合并自锁，主电路中 KM1 的主触点闭合，三相交流异步电动机通电启动运行，控制电路中 KM1 联锁触点断开，对 KM2 联锁，当三相交流异步电动机的转速上升到一定值时，速度继电器 KS 常开触点闭合（为制动做好准备）。

按下制动按钮 SB2，则 SB2 常闭触点先断开，SB2 常开触点后闭合，KM1 线圈断电，控制电路中 KM1 自锁触点断开解除自锁，主电路中 KM1 主触点断开，三相交流异步电动机断电，控制电路中 KM1 联锁触点闭合，KM2 线圈得电，KM2 联锁触点断开，对 KM1 联锁，KM2 的常开辅助触点闭合并自锁，主电路中 KM2 主触点闭合，三相交流异步电动机串接电阻，反接制动开始，转速下降到一定程度时，速度继电器 KS 常开触点断开，KM2 线圈断电，控制电路中 KM2 联锁触点闭合解除联锁，KM2 自锁触点断开解除自锁，主电路中 KM2 主触点断开，三相交流异步电动机断开电源停转，制动结束。

3. 电容制动

电容制动是在三相交流异步电动机断开交流电源时，在定子绕组出线端子处接上电容器，由于惯性，转子转动形成随转子转动的旋转磁场，定子绕组切割该磁场产生一定的感应电动势，然后通过接入的电容器回路形成感生电流，该电流产生的磁场与转子绕组中的感应电流相互作用，产生与旋转方向相反的制动力矩，使三相交流异步电动机停转。

1）电路原理图

电容制动电路原理图如图 5-19 所示。

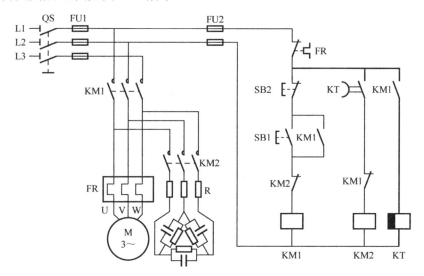

图 5-19　电容制动电路原理图

2）电路组成

电路包括总开关 QS，短路保护装置 FU1、FU2，热继电保护器 FR，启动按钮 SB1，制动按钮 SB2，交流接触器 KM1、KM2，时间继电器 KT，接入电阻，制动电容，三相交流异步电动机 M。

3）工作原理

合上总开关 QS，按下启动按钮 SB1，KM1 线圈得电，控制电路中 KM1 自锁触点闭合并自锁，主电路中 KM1 的主触点闭合，三相交流异步电动机通电启动运行，控制电路中与 KM2 串联的联锁触点断开，与时间继电器 KT 串联的辅助触点闭合，时间继电器 KT 线圈得电，时间继电器瞬时闭合、延时断开触点闭合。

按下制动按钮 SB2，KM1 线圈断电，控制电路中 KM1 自锁触点断开解除自锁，主电路中 KM1 主触点断开，三相交流异步电动机断电，控制电路中与 KM2 串联的联锁触点闭合，KM2 线圈得电，控制电路中与 KM1 串联的联锁触点断开，主电路中的 KM2 主触点闭合，电容制动开始。

时间继电器 KT 的瞬时闭合、延时断开触点经过一定的延时后断开，KM2 线圈断电，各个触点复位，制动结束。

 基本技能

一、三相交流异步电动机的点动安装

点动即按下按钮时三相交流异步电动机启动工作，松开按钮时三相交流异步电动机停止工作。点动控制多用于机床刀架、横梁、立柱等快速移动和机床对刀等场合。

（一）点动控制电路组成及工作过程

1. 点动控制电路原理图

点动控制电路原理图如图 5-20 所示。

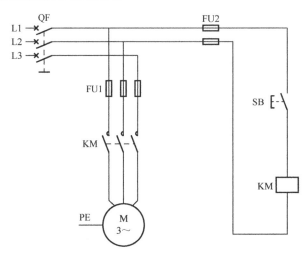

图 5-20　点动控制电路原理图

2. 点动控制电路组成

主电路主要由总开关 QF、熔断器 FU1、接触器 KM 的主触点及三相交流异步电动机M组成。控制电路主要由熔断器 FU2、点动按钮 SB、接触器 KM 的线圈组成。

3. 点动控制工作原理

（1）合上总开关 QF，按下点动按钮 SB，接触器 KM 的线圈得电，其动合主触点闭合，三相交流异步电动机通电启动。

（2）松开点动按钮 SB，接触器 KM 的线圈失电，点动控制电路的动合主触点断开，三相交流异步电动机断电停止转动。

（二）点动控制电路的元器件及接线

1. 操作所需器材及工具

（1）三相交流异步电动机 1 台。

（2）空气开关 1 个。

（3）熔断器 5 个。

（4）交流接触器 1 个。

（5）按钮 1 个。

（6）端子排 1 个。

（7）控制板、导线、编码套管若干。

（8）测电笔、螺丝刀、尖嘴钳、斜口钳、剥线钳、电工刀等。

（9）兆欧表、钳形电流表、万用表各 1 只。

2. 元器件明细表

元器件明细表见表 5-1。

表 5-1   元器件明细表

元 器 件	名 称	型 号	规 格	数 量
M	三相交流异步电动机	Y-112M-4	4kW、380V、1440r/min	1
QF	空气开关	C65N/16	三极、16A	1
FR	热继电器	JR16-20/3D	4A	1
FU	熔断器	RLI-15/2	500V、15A/ 2A	5
KM1、KM2	交流接触器	CJ10-10	10A、线圈电压 380V	2
SB	按钮	LA10-2H	保护式	1
XT	端子板	JX2-1015	10A、15 节、380V	1

3. 点动控制电路的接线

点动控制电路的接线图如图 5-21 所示。

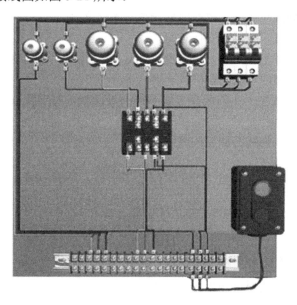

图 5-21   点动控制电路的接线图

（三）检查元器件

应在不通电的情况下，用万用表、蜂鸣器等检查各触点的分合情况是否良好。检验接触器时，应按下三对主触点，要求用力均匀；应检查接触器线圈电压与电源电压是否相符。

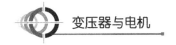

（四）安装工艺要求与注意事项

（1）把功能类似的元器件组合在一起。

（2）将强弱电控制器分离，以减少干扰。

（3）注意各元器件的间距及位置。

（4）各元器件的安装位置应合理和便于更换。

（5）应特别注意发热元器件、体积大和较重元器件的布置。

（6）布线通道应尽可能少。

（7）布线顺序一般以接触器为中心，由里向外，由高到低，先控制电路后主电路。

（8）空气开关、熔断器的受电端应安装在控制板的外侧，并使熔断器的受电端为底座的中心端。

（9）紧固各元器件时应用力均匀，紧固程度适当。在紧固熔断器、接触器等易碎裂元器件时，应用手按住元器件，一边轻轻摇动，一边用旋具轮流旋紧对角线上的螺钉，摇不动后再适当旋紧一些即可。

（五）明配线的布线方法

（1）布线时，应符合平直、整齐、紧贴敷设面、走线合理及接点不得松动等要求。

（2）走线通道应尽可能少，同一通道中的沉底导线应按主、控电路分类集中，单层平行密排，并紧贴敷设面。

（3）同一平面的导线应高低一致或前后一致，不能交叉。

（4）布线应横平竖直，应垂直变换走向。

（5）导线与接线端子连接时，应不压绝缘层、不反圈以及不露铜过长，并做到同一元器件、同一回路的不同接点的导线间距保持一致。

（6）一个元器件接线端子上的连接导线不得超过两根，每节接线端子板上的连接导线一般只允许有一根。

（7）布线时，严禁损伤线芯和导线绝缘。

二、三相交流异步电动机正、反向点动控制电路

（一）正、反向点动控制电路组成及工作过程

1. 正、反向点动控制电路原理图

正、反向点动控制电路原理图如图 5-22 所示。

2. 电路组成

主电路主要由总开关 QF、接触器 KM1 和 KM2 的主触点及三相交流异步电动机 M 组成。控制电路主要由熔断器 FU、点动按钮 SB1 和 SB2、接触器 KM1 和 KM2 的线圈组成。

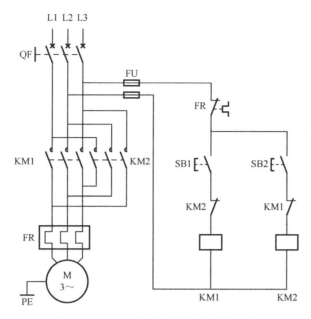

图 5-22　正、反向点动控制电路原理图

3. 工作原理

正向点动控制：合上总开关 QF，按下点动按钮 SB1，KM1 的线圈得电，其动合主触点闭合，三相交流异步电动机通电启动。松开点动按钮 SB1，点动按钮 SB1 即在反力弹簧的作用下断开，KM1 的线圈失电，点动控制电路的动合主触点断开，三相交流异步电动机断电停止转动。

反向点动控制：合上总开关 QF，按下点动按钮 SB2，KM2 的线圈得电，其动合主触点闭合，三相交流异步电动机通电启动。松开点动按钮 SB2，点动按钮 SB2 即在反力弹簧的作用下断开，KM2 的线圈失电，点动控制电路的动合主触点断开，三相交流异步电动机断电停止转动。

4. 保护电路

1）过载保护

三相交流异步电动机在运行过程中，如果由于过载或其他原因使电流超过额定值，经过一定时间，串接在主电路中的热继电器 FR 的热元件会受热弯曲，使串接在控制电路中的 FR 动断触点断开，切断控制电路，接触器的线圈失电，其主触点断开，三相交流异步电动机便停止转动。

2）欠压和失压保护

当电源电压突然严重下降（欠压）或消失（失压）时，接触器线圈电磁吸力不足，动铁芯（衔铁）在反力弹簧的作用下释放，其自锁触点断开，失去自锁；同时主触点也断开，使三相交流异步电动机停转，得到保护。而且由于接触器的自锁触点和主触点在停电时均已断开，所以在恢复供电时，控制电路和主电路不会自行接通，三相交流异步电动机不会自行启动，可预防事故的发生。

3）短路保护

三相交流异步电动机的短路保护采用熔断器。

（二）正、反向点动控制电路接线

1. 操作所需器材及工具

（1）三相交流异步电动机 1 台。

（2）空气开关 1 个。

（3）熔断器 2 个。

（4）交流接触器 2 个。

（5）按钮 1 个。

（6）端子排 1 个。

（7）控制板、导线、编码套管若干。

（8）测电笔、螺丝刀、尖嘴钳、斜口钳、剥线钳、电工刀等。

（9）兆欧表、钳形电流表、万用表各 1 只。

2. 元器件明细表

元器件明细表见表 5-2。

表 5-2　元器件明细表

元 器 件	名　称	型　号	规　格	数量
M	三相交流异步电动机	Y-112M-4	4kW、380V、1440r/min	1
QF	空气开关	C65N/16	三极、16A	1
FR	热继电器	JR16-20/3D	4A	1
FU	熔断器	RLI-15/2	500V、15A/2A	2
KM1、KM2	交流接触器	CJ10-10	10A、线圈电压 380V	2
SB1、SB2	按钮	LA10-2H	保护式	2
XT	端子板	JX2-1015	10A、15 节、380V	1

3. 正、反向点动控制电路接线示意图

正、反向点动控制电路接线示意图如图 5-23 所示。

（三）三相交流异步电动机点动控制电路的检查和试运行

1. 常规检查

（1）对照原理图、接线图逐相检查，核对线号，防止导线错接和漏接。

（2）检查所有端子接线情况，排除虚接。

（3）用万用表检查时，应在不带电状态下进行。

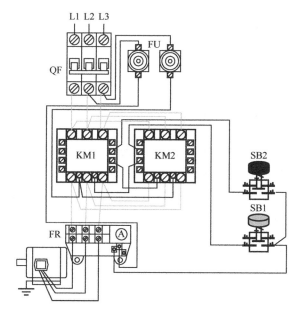

图 5-23　正、反向点动控制电路接线示意图

2. 接触器灭弧罩的检查

摘下接触器灭弧罩，用手操作触点分合。用万用表测量时，将万用表挡位开关置于 R×1 挡。

（1）检查主电路。取下辅助电路熔断器的熔体，用万用表分别测量开关端子 U-V、U-W、V-W 之间的电阻值，结果应为断路状态，电阻值应为无穷大。其中如有电阻值较小或为零，则说明所测两相之间的接线有短路现象，应仔细逐相检查并排除短路故障。

（2）检查辅助电路。装好辅助电路熔断器的熔体，用万用表表笔接触开关端子 V、W（辅助电路电源线）处，测量的结果应为断路状态；按下 SB1、SB2，分别测量接触器 KM1 和 KM2 线圈电阻值，若测得结果为断路状态，应继续在互锁触点的两端进行测量，以判断互锁触点是否接触良好。

3. 通电试运行

完成上述检查后，清点工具和材料，清理安装板上的线头杂物，检查三相电源，在有教师监护的情况下按安全规程通电试运行。

（1）空载实验：接通总开关 QF，按下 SB1 按钮，KM1 应立即动作；松开 SB1，KM1 应立即断电复位。按下 SB2 按钮，KM2 应立即动作；松开 SB2，KM2 应立即断电复位。应认真观察主触点动作是否正常，细听接触器线圈通电运行声音是否正常。

（2）互锁检查：接通总开关 QF，按下 SB1 按钮，KM1 应立即动作，此时再按下 SB2 按钮，KM2 不应动作；同样，按下 SB2 按钮，接触器 KM2 应立即动作，再按下 SB1 按钮，KM1 不应动作。有动作则表明互锁触点接线错误，应检查改正后再进行实验。

（3）带负荷试运行：切断电源，接上定子绕组引线，装好灭弧罩，重新通电试运行，按下点动控制按钮，接触器动作，观察启动和运行情况；松开按钮，观察三相交流异步电动机能否停转。

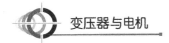

试运行中如发现接触器振动、发出噪声，接触器主触点燃弧严重，以及三相交流异步电动机嗡嗡响、转不起来，应立即停转进行检查，检查内容包括电源电压是否正常，导线和各连接点是否虚接，绕组有无断线，必要时应拆开接触器检查电磁机构，排除故障后重新试运行。

三、三相交流异步电动机的长动安装

如果要求三相交流异步电动机在启动后能持续运行，这时采用点动控制电路就不合理，因为操作人员的手始终不能离开点动按钮，否则，三相交流异步电动机会立即断电停转。为解决这个问题，人们设计了一种具有自锁环节的控制电路，即长动控制电路。

1. 主电路与控制电路

长动控制电路（图 5-24）的主电路与点动控制电路的主电路相同，控制电路在原来的基础上增加了一个停止按钮 SB2，使三相交流异步电动机可以停止运转；同时，在动合按钮的两端并联接触器 KM 的动合辅助触点，形成"自锁"控制，该触点称为自锁触点。

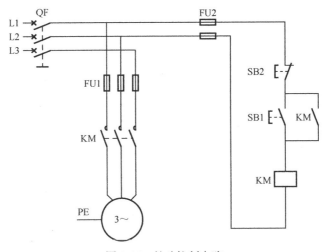

图 5-24　长动控制电路

2. 工作原理

（1）合上总开关 QF，按下启动按钮 SB1，交流接触器 KM 的线圈得电，其动合主触点闭合，三相交流异步电动机通电启动。同时，与启动按钮 SB1 并联的 KM 自锁触点也闭合。

（2）松开启动按钮 SB1 后，SB1 复位断开，KM 的线圈通过其自锁触点继续保持得电，从而保证三相交流异步电动机能长时间运转。

（3）当三相交流异步电动机需要停止时，可以按下停止按钮 SB2，使 KM 线圈失电，其动合主触点和自锁触点都复位断开，三相交流异步电动机断电停止运转。

3. 长动控制电路的元器件及接线

1）操作所需器材及工具

① 三相交流异步电动机 1 台。

② 空气开关 1 个。

③ 熔断器 5 个。

④ 交流接触器 1 个。

⑤ 按钮 1 个。

⑥ 端子排 1 个。

⑦ 控制板、导线、编码套管若干。

⑧ 测电笔、螺丝刀、尖嘴钳、斜口钳、剥线钳、电工刀等。

⑨ 兆欧表、钳形电流表、万用表各 1 只。

2）元器件明细表

元器件明细表见表 5-3。

表 5-3　元器件明细表

元器件	名　　称	型　号	规　　　格	数　量
M	三相交流异步电动机	Y-112M-4	4kW、380V、△接法、8.8A、1440r/min	1
QF	空气开关	C65N/16	三极、额定电流 16A	1
FU1	熔断器	RL1-60/25	500V、60A（配熔体额定电流 25A）	3
FU2	熔断器	RLI-15/2	500V、15A（配熔体额定电流 2A）	2
KM	交流接触器	CJ10-10	10A、线圈电压 380V	1
SB1、SB2	按钮	LA10-2H	保护式	2
XT	端子板	JX2-1015	10A、15 节、380V	1

3）长动控制接线图

长动控制接线图如图 5-25 所示。

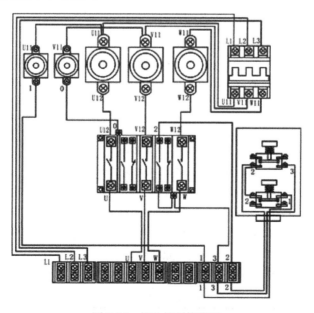

图 5-25　长动控制接线图

 项目评价

一、思考与练习

1．画出三相交流异步电动机点动、长动控制的电路原理图。

2．试分析三相交流异步电动机长动控制电路组成及工作过程。

3．试分析三相交流异步电动机的按钮、接触器控制的星三角降压启动电路组成及工作过程。

4．试分析三相交流异步电动机的按钮、接触器双重联锁正反转控制电路组成及工作过程。

5．试分析三相交流异步电动机的时间继电器自动控制星三角降压启动电路组成及工作过程。

6．试分析电磁抱闸制动控制电路组成及工作过程。

7．试分析三相交流异步电动机的变转差率调速控制电路组成及工作过程。

8．试分析三相交流异步电动机的能耗制动电路组成及工作过程。

9．试分析三相交流异步电动机的反接制动电路组成及工作过程。

10．试分析三相交流异步电动机的电容制动电路组成及工作过程。

二、项目评价

1．项目评价标准（表5-4）

表5-4　项目评价标准

项目检测		分值	评分标准	学生自评	教师评估	项目总评
任务知识和技能内容	掌握三相交流异步电动机正反转控制原理	20	（1）能正确绘制正反转控制原理图（7分） （2）会分析正反转控制原理图的组成（6分） （3）会分析正反转控制电路的工作过程（7分）			
	掌握三相交流异步电动机的星三角控制原理	20	（1）能正确绘制星三角控制原理图（7分） （2）会分析星三角控制原理图的组成（6分） （3）会分析星三角控制电路的工作过程（7分）			
	掌握三相交流异步电动机的顺序控制方式及原理	20	（1）能正确绘制顺序控制原理图（7分） （2）会分析顺序控制原理图的组成（6分） （3）会分析顺序控制电路的工作过程（7分）			
	掌握三相交流异步电动机的调速原理及工作过程	20	（1）能正确绘制调速控制原理图（7分） （2）会分析调速控制原理图的组成（6分） （3）会分析调速控制电路的工作过程（7分）			
	掌握三相交流异步电动机的制动原理	20	（1）能正确绘制制动控制原理图（7分） （2）会分析制动控制原理图的组成（6分） （3）会分析制动控制电路的工作过程（7分）			

2. 技能训练与测试

（1）练习三相交流异步电动机点动控制电路的安装。

（2）练习三相交流异步电动机长动控制电路的安装。

技能训练评估表见表5-5。

表5-5　技能训练评估表

项　　目	完成质量与成绩
点动控制电路的安装	
长动控制电路的安装	

三、项目小结

对于不同的生产机械，根据生产的工作性质和加工工艺要求，需要采用不同的控制电路来实现生产目的。

（1）三相交流异步电动机正反转控制电路的组成及工作过程。

（2）三相交流异步电动机星三角控制电路的组成及工作过程。

（3）三相交流异步电动机顺序控制电路的组成及工作过程。

（4）三相交流异步电动机调速电路的组成及工作过程。

（5）三相交流异步电动机制动电路的组成及工作过程。

项目六

直流电动机

知识目标

（1）了解直流电动机的工作原理。
（2）掌握直流电动机的调速原理。
（3）掌握同步电动机的工作原理。

技能目标

（1）熟悉直流电动机的结构，掌握其拆装方法。
（2）熟练掌握直流电动机常见故障的维修方法。
（3）掌握同步电动机的拆装方法。

直流电动机是将直流电能转变为机械能的一种机械设备。

与交流电动机相比，直流电动机启动、制动和过载转矩大，易于控制，便于频繁启动、制动及正反转，能在较宽的范围内进行平滑的无级调速，在起重机械、运输机械、冶金传动及自动控制系统等领域得到了广泛的应用。

基本知识

一、直流电动机的工作原理

直流电动机的工作原理如图 6-1 所示。

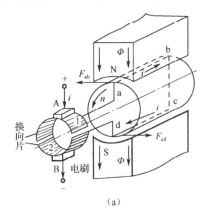
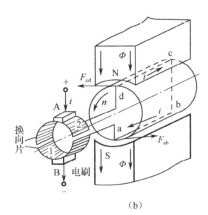

(a)　　　　　　　　　　　　　　(b)

图 6-1　直流电动机的工作原理

　　图 6-1 中，N 和 S 是主磁极，它们是固定不动的，abcd 是装在可以转动的圆柱体上的一个线圈，把线圈的两端分别接在两个半圆换向片（合称换向器）上。圆柱体、线圈和两个换向片可以一起转动，可以一起转动的转子称为电枢。换向片上放着固定不动的电刷 A 和 B，通过 A、B 把旋转的电路与外部静止的电源正、负极相连接，电流从 A 流入线圈，从 B 流出。用左手定则可判断出，线圈 ab 边受力向左，cd 边受力向右，形成一个转矩，使电枢逆时针转动，如图 6-1（a）所示。

　　当线圈两边分别转到另一磁极下时，它们所接触的电刷也已改变，线圈中电流的方向与原来相反，如图 6-1（b）所示。用左手定则可判断出，ab 边受力向右，cd 边受力向左，电枢仍按逆时针转动。这样，通过电刷与换向器，使得处于 N 极下的线圈内的电流总是从电刷向线圈流入，而处于 S 极下的线圈内的电流总是从线圈向电刷流出，从而使电枢总是获得逆时针方向的转矩，保持转动方向不变。

　　综上所述，通过换向器与电刷的滑动接触，可以使正电刷 A 始终与经过 N 极的导体相连，负电刷始终与经过 S 极的导体相连，电刷之间的电流是直流电流，而线圈内部的电流则是交变的，所以换向器是直流电动机中换向的关键部件。通过换向器和电刷的作用，把直流电动机电刷间的直流电流变为线圈内的交变电流，以确保直流电动机沿恒定方向转动。

　　直流电动机的工作原理：直流电动机在外加电压的作用下，在导体中形成电流，载流导体在磁场中受到电磁力的作用开始旋转，由于换向器的换向作用，导体进入异性磁极时，导体中的电流方向相应发生改变，电磁转矩的方向不变，使直流电动机持续运转，把直流电能转换为机械能输出。

二、直流电动机的调速原理

　　直流电动机的调速是指在机械负载不变的条件下，改变直流电动机的机械特性，从而改变转速。调速可以采用机械方法、电气方法或机械与电气配合的方法。

　　根据调速的间断性，直流电动机的调速可以分为无级调速和有级调速；根据调速的方向性，调速可以分为向上调速和向下调速；根据使用情况，调速可以分为恒转矩调速和恒功率调速。

（一）直流电动机的机械特性方程式

　　直流电动机的机械特性方程式为

$$n = \frac{U}{C_e \Phi} - \frac{R}{C_e C_T \Phi^2} T \tag{6-1}$$

式中，U——加在电枢回路上的电压；

　　　　R——电动机电枢回路总电阻；

　　　　Φ——电动机磁通；

　　　　C_e——电动势常数；

　　　　C_T——转矩常数；

　　　　T——电磁转矩。

　　由式（6-1）可知，直流电动机有三种调速方法，即电枢回路电阻改变法、电枢电压改变法及励磁磁通改变法。

（二）直流电动机调速方法的比较

三种调速方法的比较见表 6-1。

表 6-1　三种调速方法的比较

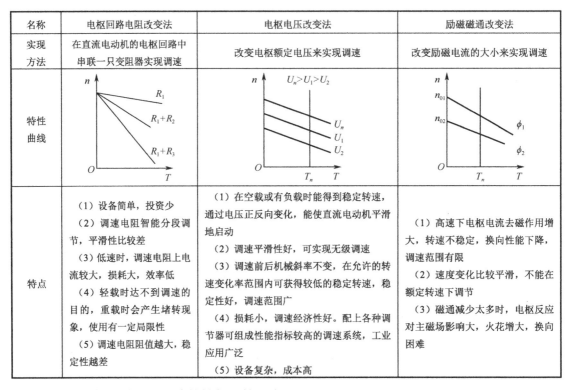

名称	电枢回路电阻改变法	电枢电压改变法	励磁磁通改变法
实现方法	在直流电动机的电枢回路中串联一只变阻器实现调速	改变电枢额定电压来实现调速	改变励磁电流的大小来实现调速
特性曲线			
特点	（1）设备简单，投资少 （2）调速电阻智能分段调节，平滑性比较差 （3）低速时，调速电阻上电流较大，损耗大，效率低 （4）轻载时达不到调速的目的，重载时会产生堵转现象，使用有一定局限性 （5）调速电阻阻值越大，稳定性越差	（1）在空载或有负载时能得到稳定转速，通过电压正反向变化，能使直流电动机平滑地启动 （2）调速平滑性好，可实现无级调速 （3）调速前后机械斜率不变，在允许的转速变化率范围内可获得较低的稳定转速，稳定性好，调速范围广 （4）损耗小，调速经济性好。配上各种调节器可组成性能指标较高的调速系统，工业应用广泛 （5）设备复杂，成本高	（1）高速下电枢电流去磁作用增大，转速不稳定，换向性能下降，调速范围有限 （2）速度变化比较平滑，不能在额定转速下调节 （3）磁通减少太多时，电枢反应对主磁场影响大，火花增大，换向困难

直流电动机三种调速方法的性能比较见表 6-2。

表 6-2　直流电动机三种调速方法的性能比较

调速方法	控制装置	调速范围	转速变化率	平滑性	动态性能	恒转矩或恒功率	效率
电枢回路电阻改变法	变阻器、接触器、电阻器	1:2	低速时大	用变阻器较好，用接触器和电阻器较差	无自动调节能力	恒转矩	低
电枢电压改变法	晶闸管变流器	1:50～1:100	小	好	好	恒转矩	80%～90%
励磁磁通改变法	直流电源变阻器	1:3～1:5	较大	较好	差	恒功率	80%～90%
	晶闸管变流器			好	好		

三、同步电动机的工作原理及启动

（一）同步电动机的工作原理

同步电动机的工作原理：三相交流电流通过定子三相绕组时，产生旋转磁场。转子绕组中通入直流电流后，产生极性固定不变的磁极，磁极的对数必须与旋转磁场的磁极对数相等，当转子上的N极与旋转磁场的S极对齐时（转子的S极则与旋转磁场的N极对齐），靠异性磁极之间的互相吸引，转子就会跟着旋转磁场转动。

当同步电动机空载时，转子的轴承和转子在空气中总要受到一定的阻力。实际上，转子上的磁极总是要比旋转磁场的磁极落后一个小角度 θ（电枢磁场磁极轴线和转子磁极轴线之间的夹角），如图 6-2 所示。可以假想磁感线被拉长了少许。

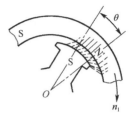

图 6-2　同步电动机中转子磁场落后定子磁场 θ 角示意图

当同步电动机加上部分负载时（轻载情况），转子磁极落后于旋转磁极的角度要增大。也就是说，磁感线又被继续拉长，但转子转速仍是不变的。如果负载再增大，则转子磁极落后的角度还要加大。落后一定角度之后，又以同步速度跟随旋转磁场转动。

如果负载太大（重载情况），磁感线就会被拉"断"，也就是说，旋转磁场已经不能吸着转子磁极转动了。这时，同步电动机就会停止转动。这种现象称为同步电动机的失步现象。产生这一现象时，通过定子绕组的电流很大，这时应尽快切断电源，以免同步电动机因过热而损坏。

在相反情况下，如果负载是逐渐减小的，则转子磁极位置的变化就与前述过程正好相反。

同步电动机的特点是其转速除了在负载增大或减小的一瞬间有少许突然变化，在一定范围内变化时，转子的转速总是与旋转磁场的转速相同。另外，同步电动机在使用时不仅要给定子的三相绕组通以三相交流电流，还要给转子通以直流电流。

同步电动机广泛应用于不需要调速且速度稳定性要求较高的场合，如大型空气压缩机、水泵等。

（二）同步电动机的失步现象

同步电动机运行时，定子磁场驱动转子磁场转动。两个磁场之间存在固定的力矩，这个力矩的存在是有条件的，两者的转速要同步才行，所以这个力矩也称同步力矩。一旦两者的速度不相等，转子磁场与定子磁场不同步时的相对位置就会起变化，同步力矩就不存在了，同步电动机就会慢慢停下来。这种因转子速度与定子磁场不同而造成同步力矩消失、转子慢慢停下来的现象，称为失步现象。

同步电动机失步时，没有旋转力矩，转子会慢慢停止运转。这是因为同步电动机所带负载发生变化时，旋转磁场磁极轴线与转子磁极轴线之间的夹角 θ 也发生变化，同步电动机产生的电磁功率随之发生变化。当转子磁场落后定子磁场的角度在 $0°\sim180°$ 时，定子磁场对转子产生的是驱动力；在 $180°\sim360°$ 时，定子磁场对转子产生的是阻力，所以平均力矩是零。当转子比定子磁场慢一圈时，定子对转子做的功半圈是正功，半圈是负功，总做功量为零，转子就会停止运转。

（三）同步电动机的启动方法

同步电动机启动时，定子上立即建立起以同步转速旋转的旋转磁场，而转子因惯性的作用不能立即以同步转速旋转，因此主极磁场与电枢旋转磁场不能保持同步状态，从而产生失步现象。所以同步电动机如果没有启动转矩，不采取其他辅助措施，是不能自行启动的。

同步电动机无启动转矩示意图如图 6-3 所示。假设磁极的相对位置如图 6-3（a）所示，磁场顺时针旋转。由于异性磁极相互吸引，故旋转磁场欲使转子旋转，但是旋转磁场的转速很快，转子因惯性来不及随之转动，经过 0.01s 后，旋转磁场的 N 极与 S 极就转过了半个圆周，如图 8-3（b）所示。这时，由于同名磁极互相排斥，所以转子不会转动，且受到反转的作用力。另外，由于惯性的存在，转子也不会反转。由此可知，在电流的一个周期内，旋转磁场对转子的平均作用力为零，所以转子不能启动。

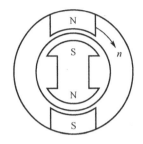 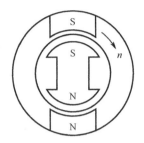

（a）刚通电时定子磁极与转子磁极的位置　　　　　　（b）0.01s后定子磁极与转子磁极的位置

图 6-3　同步电动机无启动转矩示意图

同步电动机启动方法有辅助电动机启动法、调频启动法、异步启动法等（表 6-3）。目前常用的是异步启动法。

表 6-3　同步电动机的三种启动方法

启动方法	启动过程和原理	特　点
辅助电动机启动法	选用与同步电动机极数相同的异步电动机（容量为同步电动机的 5%～15%）作为辅助电动机，启动时先由异步电动机驱动同步电动机启动，接近同步转速时，切断异步电动机的电源，同时接通同步电动机的励磁电源，将同步电动机接入电网，完成启动	只能用于空载启动，由于设备多、操作复杂，现已基本不用
调频启动法	启动时将定子交流电源的频率降到很低的程度，定子旋转磁场的同步转速很低，转子励磁后产生的转矩即可使转子启动，并很容易进入同步运行，逐渐增大交流电源频率，使定子旋转磁场的转速和转子转速同步上升，直到额定值	性能虽好，但变频电源比较复杂，成本高，目前应用不多
异步启动法	依靠转子极靴上安装的类似于异步电动机的笼型绕组的启动绕组，产生异步电磁转矩，把同步电动机当作异步电动机启动	目前同步电动机最常用的启动方法

异步启动电路如图 6-4 所示，先将开关 QS2 合至 I 位，在同步电动机励磁回路中串接一个约 10 倍于励磁绕组电阻的附加电阻 R，将励磁绕组回路闭合。然后合上开关 QS1，给定子绕组通入三相交流电，则同步电动机将在启动绕组作用下异步启动。当转速上升到接近于同步转速时，迅速将开关 QS2 合至 II 位，给转子通入直流电流励磁，依靠定子旋转磁场与转子磁极之间的吸引力，将同步电动机牵入同步转速运行。转子达到同步转速以后，转子笼型启动绕组导体与电枢磁场之间就处于相对静止状态，笼型启动绕组导体中没有感应电流而失去作用，启动过程随之结束。

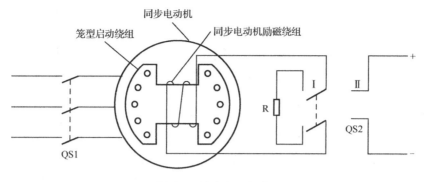

图 6-4 异步启动电路

 基本技能

一、直流电动机的结构及拆装

（一）直流电动机的结构

直流电动机可分为固定的定子和转动的转子（又称电枢）两大部分。

1. 直流电动机的定子

定子由主磁极、换向磁极、机座及电刷装置等组成，如图 6-5 所示。

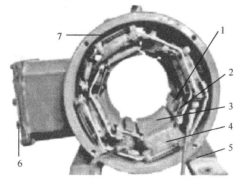

1—换向磁极铁芯；2—换向磁极绕组；3—主磁极铁芯；4—主磁极绕组；

5—换向磁极与电枢的串联接线；6—主磁极引线、换向磁极与电枢串联后的引线；7—机座

图 6-5 直流电动机的定子

1）主磁极

主磁极用来产生主磁场，使电枢绕组产生感应电动势。它由铁芯和绕组（励磁绕组）组成，如图 6-6 所示。铁芯用 0.5～1.5mm 厚的低碳钢板叠压而成，各主磁极上的励磁绕组通常是串联的，主磁极 N、S 交替布置，均匀分布并用螺钉固定在机座上。为使主磁通在气隙中分布更合理，铁芯的下部（称为极靴）比套绕组的部分（称为极身）要宽些。

2）换向磁极

换向磁极是位于两个主磁极之间的小磁极，又称附加磁极。它用来产生换向磁场，使电刷与换向片之间的火花减小。它由换向磁极铁芯和套在铁芯上的换向磁极绕组组成。铁芯常用整块钢或厚钢板制成，匝数不多的换向磁极绕组与电枢绕组串联。换向磁极的极数一般与主磁极的极数相同。

3）机座

定子机座提供机械支撑，它既是直流电动机的外壳，又是主磁路的一部分，可以让励磁磁通通过（机座中磁通通过的部分称为磁轭）。它一般用低碳钢铸成或用钢板焊接而成，要求有较好的导磁性能。机座的两端有端盖。中小型直流电动机前后端盖都装有轴承，用于支承转轴。大型直流电动机则采用座式滑动轴承。

4）电刷装置

电刷装置的作用是使转动部分的电枢绕组与外电路接通，将直流电压、电流引出或引入电枢绕组。它与换向器紧密配合，起整流或逆变器的作用。电刷装置由电刷、刷握、刷杆等零件组成，如图6-7所示。电刷一般采用石墨和铜粉压制烧焙而成，放置在刷握中，由弹簧将其压在换向器表面，刷杆数一般等于主磁极的数目。

图6-6　主磁极

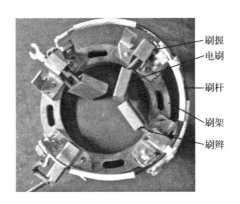

图6-7　直流电动机的电刷装置

2. 直流电动机的转子

转子由电枢铁芯、电枢绕组、换向器、转轴和风扇等部件组成，如图6-8所示。

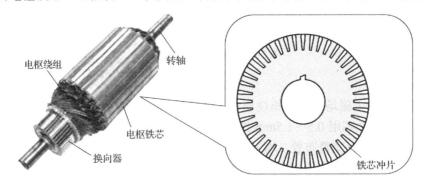

图6-8　直流电动机的转子

1）电枢铁芯

电枢铁芯是磁路的一部分，电枢绕组放置在铁芯的槽内，为减少磁滞损耗及涡流损耗，电枢铁芯通常用 0.35mm 或 0.5mm 厚的表面有绝缘层的圆形硅钢冲片叠装而成。

2）电枢绕组

电枢绕组由许多按一定规律连接的线圈组成，它是直流电动机的主要电路，如图 6-9 所示。它的作用是产生感应电动势和电磁转矩，从而实现机电能量的转换。用绝缘铜线制成线圈，然后嵌放在电枢铁芯槽内，每个线圈有两个出线端，分别接到换向器的两个换向片上。所有线圈按一定规律连接成闭合回路。

3）换向器

换向器是重要部件，在直流发电机中，它将电枢绕组内部的交流电动势转换为电刷间的直流电动势；在直流电动机中，它将电刷上的直流电流转换为绕组内的交流电流，保证所有导体上产生的转矩方向一致，如图 6-10 所示。换向器由许多彼此绝缘的换向片组成。换向片数与线圈数相同。

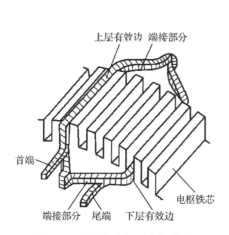

图 6-9　直流电动机的电枢绕组

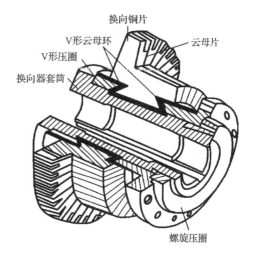

图 6-10　换向器

4）转轴

转轴用来传递转矩，为了使直流电动机可靠地运行，转轴一般用合金钢锻压而成。

5）风扇

风扇用来降低运行中的温升。

（二）直流电动机的拆装

1. 直流电动机拆装前的准备

（1）电工工具：验电笔、一字和十字螺钉旋具、钢丝钳、尖嘴钳、斜口钳、剥线钳、电工刀等。

（2）万用表、钳形电流表、兆欧表、转速表、直流毫伏表、3V 直流电源等。

（3）直流电动机 1 台，如图 6-11 所示。

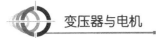

（4）拆装、接线、调试的专用工具。

（5）助手1名。

（6）汽油、刷子、干布、绝缘黑色胶布、演草纸、圆珠笔、劳保用品等，按需而定。

2. 直流电动机的拆卸步骤

1）拆卸电源连接线及电刷盖（图6-12）

打开直流电动机接线盒，拆下电源连接线，在端盖与机座连接处做好标记。

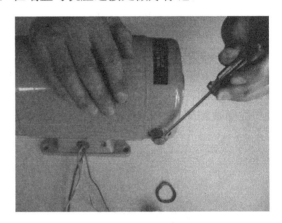

图6-11　直流电动机　　　　　图6-12　拆卸电源连接线及电刷盖

2）去除电刷及联动弹簧（图6-13）

打开换向器侧的通风窗，卸下电刷紧固螺钉，做好标记，从刷握中取出电刷，不要碰伤换向器及各绕组；取出的电枢必须放在木架或木板上，拆下接到刷杆上的连接线。

3）拆卸轴承外盖（图6-14）

拆除换向器侧端盖螺钉和轴承螺钉，取出轴承外盖；拆卸换向器端的端盖。

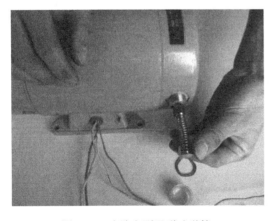

图6-13　去除电刷及联动弹簧　　　　图6-14　拆卸轴承外盖

4）拆卸后端盖及电枢（图6-15）

5）抽出电枢（图6-16）

用手压住外壳，小心地抽出电枢，注意不要碰到电枢，用纸或软布将换向器包好。

图 6-15　拆卸后端盖及电枢

图 6-16　抽出电枢

6）取下轴承外盖

拆下前端盖上的轴承盖螺钉，并取下轴承外盖（将连同前端盖在内的电枢放在木架或木板上）。轴承一般只在损坏后方可取出，无特殊原因，不必拆卸。

3. 直流电动机的装配

（1）拆卸完成后，对轴承等零件进行清洗，经质量检查确认合格后，涂上润滑脂待用。

（2）按拆卸直流电动机的相反步骤以及直流电动机的结构进行装配，如图 6-17 所示。

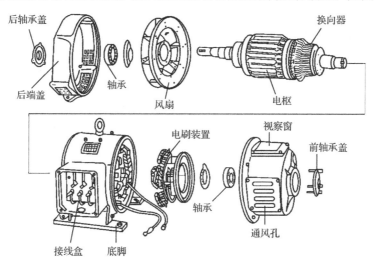

图 6-17　直流电动机装配图

（3）安装过程中应小心，要尽可能恢复原状，切勿碰伤直流电动机的机械和电气部分。

（4）安装端盖时，端盖与机座相对位置应与拆卸前相同。

（5）装配时，拧紧端盖螺栓，按对角线上、下、左、右均匀用力逐步拧紧。

（6）安装直流电动机外端盖时要用塑料锤用力均匀敲打，以确保安装到位，如图 6-18 所示。

图 6-18　用塑料锤用力均匀敲打外端盖

（7）安装过程中要不时旋转转子来测试转轴的灵活性。

二、直流电动机的常见故障与检修

（一）直流电动机的运转测试

有的故障在直流电动机静止状态下是无法发现的，必须启动直流电动机，观察各部分运转情况是否正常。由于直流电动机的机械负载是可调的，运转测试时应从额定电流的 50%开始，以额定电流的 10%～20%逐次增加，一直增加到额定电流为止，观察直流电动机在不同负载下的运行情况。

运转测试时须观察的内容如下。

（1）轴承转动是否轻快、有无杂音。

（2）各部位的温升是否超过表 6-4 中的规定。

表 6-4　直流电动机各部位的温升限度/K

发热部位名称	绝缘等级（E 级）		绝缘等级（B 级）		绝缘等级（F 级）		绝缘等级（H 级）	
	温度计法	电阻法	温度计法	电阻法	温度计法	电阻法	温度计法	电阻法
电枢绕组	65	75	70	80	85	100	101	125
励磁绕组	75	75	80	80	100	100	125	125
换向磁极绕组	80	60	90	90	110	110	135	135
铁芯	75	—	80	—	100	—	125	—
换向器	70	—	80	—	90	—	100	—

（3）振动值（两倍振幅值）是否超过表 6-5 中的规定。

表 6-5　直流电动机允许的振动值

转速/（r/min）	3000	1500	1000	750	600	500 以下
振动值/mm	0.050	0.085	0.100	0.120	0.140	0.200

（4）在空载到满载的整个过程中，换向器的火花等级不能超过 1.5 级，火花等级见表 6-6。

表 6-6 　直流电动机换向器的火花等级

火花等级	电刷的火花程度	换向器及电刷的状态
1	无火花	
1.25	边缘仅有点状火花，或有非放电性的红色小火花	换向器上没有黑痕，电刷上也没有灼痕
1.5	电刷边缘大部分或全部有轻微的火花	换向器上有黑痕但不发展，用汽油擦其表面能除去，同时电刷上有轻微灼痕
2	电刷边缘大部分或全部有强烈的火花	换向器上有黑痕出现，用汽油不能擦除，同时电刷上有灼痕。短时运行换向器上无黑痕出现，电刷未烧焦或损坏
3	电刷边缘有强烈的火花，同时有大火花飞出	换向器上黑痕严重，用汽油不能擦除，同时电刷上有灼痕。短时运行换向器上有黑痕出现，电刷烧焦或损坏

直流电动机在运转测试过程中，如发现任何不正常情况，应立即停机检修。停机前最好将负载卸掉或尽可能减小。若为变速直流电动机，还应将转速逐步降低到最小值。

（二）直流电动机的故障与维修

对电枢绕组、换向器及电刷装置的检修，是整个直流电动机检修的重点和难点。

表 6-7 列出了直流电动机常见故障与处理方法。

表 6-7 　直流电动机常见故障与处理方法

故 障 现 象	可 能 原 因	处 理 方 法
电刷下火花过大	（1）电刷换向器接触不良	研磨电刷接触面，并在轻载下运转 30～60min
	（2）刷握松动或位置不正确	紧固或纠正刷握
	（3）电刷与刷握配合太紧	略微磨小电刷尺寸
	（4）电刷压力大小不当或不均	用弹簧校正电刷压力
	（5）换向器表面不光洁、不圆或有污垢	清洁或研磨换向器表面
	（6）换向片间云母凸出	换向器刻槽、倒角、研磨
	（7）电刷位置不在中性线上	调整刷杆座至原有位置或按感应法校正中性线位置
	（8）电刷磨损过度或品牌及尺寸不符	更换新电刷
	（9）过载	恢复正常负载
	（10）底脚松动，发生振动	固定底脚螺钉
	（11）换向磁极绕组短路	检查换相磁极绕组，修理绝缘损坏处
	（12）电刷绕组与换向器脱焊	用毫伏表检查换向片间电压，如某两片之间电压特别大，说明该处有脱焊现象，须重焊
	（13）检修时将换向磁极绕组接反	用指南针检验换向磁极极性，并纠正换向磁极与主磁极极性关系，顺旋转方向，发电机为 n—N—s—S，电动机为 n—S—s—N（大写字母为主磁极极性，小写字母为换向磁极极性）

故障现象	可能原因	处理方法
电刷下火花过大	（14）电刷之间的电流分布不均匀	调整刷架，按原牌号及尺寸更换新电刷
	（15）电刷分布不等分	校正电刷
	（16）转子动平衡未校好	重校转子动平衡
发电机电压不能建立	（1）剩磁消失	另用直流电通入并励绕组，产生磁场
	（2）励磁绕组接反	纠正接线
	（3）旋转方向错误	改变旋转方向
	（4）励磁绕组断路	检查励磁绕组及磁场变阻器之间的连接是否松脱或接错，磁场绕组或变阻器内部是否断路
	（5）电枢短路	检查换向器表面及接头是否短路，用毫伏表测试电枢绕组是否短路
	（6）电刷接触不良	检查刷握弹簧是否松弛或改善接触面
	（7）磁场回路电阻值过大	检查磁场变阻器和磁励绕组电阻，并检查接触是否良好
发电机电压过低	（1）并励磁场绕组部分短路	分别测量每一绕组的电阻值，修理或调换电阻值特别小的绕组
	（2）转速太低	提高转速至额定值
	（3）电刷不在正常位置	按所刻记号调整刷杆座位置
	（4）换向片之间有导电体	清除杂物
	（5）换向磁极绕组接反	用指南针检验换向磁极极性
	（6）串励磁场绕组接反	纠正接线
	（7）过载	减少负载
直流电动机不能启动	（1）无电源	检查线路是否完好，启动器连接是否正确，熔丝是否熔断
	（2）过载	减小负载
	（3）启动电流太小	检查所用启动器是否合适
	（4）电刷接触不良	检查刷握弹簧是否松弛或改善接触面
	（5）励磁回路断路	检查变阻器及磁场绕组是否熔断，更换绕组
直流电动机转速不正常	（1）转速过高，有剧烈火花	检查磁场绕组与启动器（或调速器）连接是否良好，是否接错，磁场绕组或调速器内部是否断路
	（2）电刷不在正常位置	按所刻记号调整刷杆座位置
	（3）电枢及磁场绕组短路	检查是否短路（磁场绕组须每极分别测量电阻值）
	（4）串励直流电动机轻载或空载运转	增加负载
	（5）串励磁场绕组接反	纠正接线
	（6）磁场回路电阻值过大	检查磁场变阻器和励磁绕组电阻，并检查接触是否良好
电枢冒烟	（1）长时间过载	立即恢复正常负载
	（2）换向器或电枢短路	用毫伏表检测是否短路，是否有金属屑落入换向器或电枢绕组
	（3）负载短路	检查线路是否短路
	（4）端电压过低	恢复电压至正常值
	（5）直接启动或反转过于频繁	使用适当的启动器，避免频繁运转
	（6）定子、转子铁芯相擦	检查气隙是否均匀，轴承是否磨损

故障现象	可能原因	处理方法
磁场线圈过热	（1）并励磁场绕组部分短路	分别测量每一绕组电阻，修理或调换电阻值特别小的绕组
	（2）转速太低	提高转速至额定值
	（3）端电压长期超过额定值	恢复端电压至额定值
其他	（1）机壳漏电	绝缘电阻值过小，用500V兆欧表测量绕组对地绝缘电阻值，如低于0.5MΩ，应加以烘干；出线头碰壳、出线板或绕组某处绝缘损坏，须修复；接地装置不良，应加以修理
	（2）并励（带有少量串励稳定绕组）直流电动机启动时反转，启动后又变为正转	串励绕组接反，互换串励绕组两个出线头
	（3）轴承漏油	润滑脂加得太满（正常为轴承室2/3的容积）或所用润滑脂质地不符合要求，须减少或更换；轴承温度过高（轴承如有不正常噪声，应取出清洗、检查、换油；如钢珠或钢圈有裂纹，应予更换）

（三）直流电动机的定期维护

直流电动机的定期维护主要包括换向器表面处理、电刷的维护及电刷中性线位置的调整，这是直流电动机正常运行的基本保障。

1. 换向器表面处理

换向器表面应十分光洁，如有轻微的火花灼痕，可用400号左右的水砂纸仔细研磨。如换向器表面灼痕严重或外圆变形等，则须用磨床进行磨削修理。

换向器长期运行后，其表面会形成一层暗褐色有光泽的坚硬氧化膜，它能起到保护换向器的作用，不要用砂纸磨掉；若换向器表面有污垢，可用棉纱稍沾一点汽油将其擦净。

2. 电刷的维护

电刷是直流电动机换向器上传导电流的滑动接触件，必须正确选择与定时更换，以保证电动机运行可靠和延长换向器的使用寿命。

1）电刷的更换

电刷磨损过多或接触不良，必须予以更换或调整。更换电刷时，整台直流电动机必须使用同一型号的电刷，否则会引起电刷间负荷分配不均，对直流电动机的运行不利，并且对换向器的表面质量也有影响。更换电刷后，先加25%～50%的负载运行12h以上，使电刷磨合好后再满载运行。

2）电刷的研磨

电刷更换后必须将电刷与换向器接触的表面用400号以上的水砂纸研磨光滑，使电刷与换向器的接触面积占到整个电刷截面积的80%以上，保证电刷与换向器的工作表面接合良好。研磨用砂纸的宽度与换向器的长度相等，砂纸的长度约为换向器的圆周长。剪一块胶布，一半贴在砂纸上，另一半按转子旋转的方向贴在换向器上，然后慢慢扳动转子，使电刷与换向器表面吻合，并进行磨合。电刷的研磨方法如图6-19所示。

3. 电刷中性线位置的调整

为保证直流电动机运行性能良好，电刷必须放在中性线位置上，因为在电动机空载运行时，该位置上的励磁电流和转速不变，换向器上可获得最大感应电动势。

确定电刷中性线位置的方法有感应法、正反转发电机法和正反转电动机法。一般采用感应法，因为它简单，不用转动，准确率较高。感应法接线如图 6-20 所示。在被测试直流电动机的相邻两个电刷上接一个毫伏表，电枢静止不动，在励磁绕组上接一个低压直流电源，并使该电源交替通断，当电刷不在中性线位置上时，毫伏表上将有读数。此时移动电刷，直到毫伏表上读数为零，该位置即中性线位置。

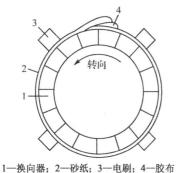

1—换向器；2—砂纸；3—电刷；4—胶布

图 6-19 电刷的研磨方法

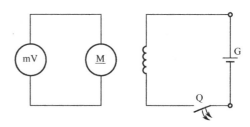

图 6-20 感应法接线

三、同步电动机的拆装

以应用广泛的永磁式同步电动机为例进行拆装。

1. 同步电动机拆装前的准备

（1）电工工具：验电笔、一字和十字螺钉旋具、钢丝钳、尖嘴钳、斜口钳、剥线钳、电工刀等。

（2）拆装、接线、调试的专用工具。

（3）永磁式同步电动机 1 台，如图 6-21 所示。

2. 同步电动机的拆卸

（1）拆卸同步电动机后端盖及转子，如图 6-22 所示。

（2）观察同步电动机转子结构，如图 6-23 所示。

（3）观察同步电动机定子结构，如图 6-24 所示。

3. 同步电动机的装配

（1）将各零部件清洗干净，检查后，按与拆卸相反的步骤进行装配。

（2）装配时要合理使用工具，用力适当。因为小功率同步电动机零部件小，结构刚度低，易变形，装配时用力不当会使其失去原有精度。

图 6-21 永磁式同步电动机

图 6-22 拆卸同步电动机后端盖及转子

图 6-23 观察同步电动机转子结构

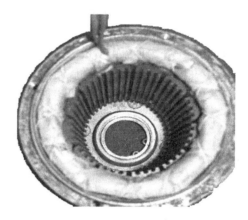

图 6-24 观察同步电动机定子结构

（3）在装配过程中应尽量少用修理工具修理，如刮、磨、锉等操作。否则屑末易被带入同步电动机内部，影响零部件的原有精度。

（4）装配前要将各零部件清洗干净，用压缩空气吹净同步电动机内部杂质，检查转子上是否有脏物并清理干净。

（5）要检查轴承是否清洗干净，并加入适量润滑剂。

（6）转子要做动平衡试验，以保证同步电动机运行寿命长、噪声低、振动小。

（7）要保证转子的同轴度和端盖安装的垂直度。

（8）装配环境要清洁，以防轴承润滑剂中混入磨料性尘埃。

（9）通电前，应检查转轴是否灵活，有无卡滞现象。运行过程中，要注意声音是否正常，有无振动和焦味。

 项目评价

一、思考与练习

（一）填空题

1. 直流电动机电枢绕组的元件中的电动势和电流是_____。

2．对于并励直流电动机，当电源反接时，其中 I_a 的方向_____，转速方向_____。

3．直流发电机的电磁转矩是_____转矩，直流电动机的电磁转矩是_____转矩。

4．一台串励直流电动机与一台并励直流电动机都在满载下运行，它们的额定功率和额定电流都相等，若它们的负载转矩同样增加 50%，则可知：_____电动机转速下降得多，而_____电动机的电流增加得多。

5．直流电动机电刷放置的原则是_____。

6．直流电动机调速时，在励磁回路中增加调节电阻，可使转速_____，而在电枢回路中增加调节电阻，可使转速_____。

7．电磁功率与输入功率之差，对于直流发电机包括_____损耗，对于直流电动机包括_____损耗。

8．并励直流电动机改变转向的方法有_____、_____。

9．串励直流电动机在电源反接时，电枢电流方向_____，磁通方向_____，转动的方向_____。

10．保持并励直流电动机的负载转矩不变，在电枢回路中串入电阻后，转速将_____。

11．并励直流发电机的励磁回路电阻值和转速同时增大一倍，则其空载电压_____。

12．直流电动机若想实现机电能量转换，可依靠_____电枢磁势的作用。

（二）选择题

1．有一台串励直流电动机，若电刷顺转向偏离几何中性线一个角度，设电枢电流保持不变，此时转速（　　）。

　　A．降低　　　　　　　　　　B．保持不变　　　　　　　　C．升高

2．一台并励直流发电机希望改变电枢两端正负极性，采用的方法是（　　）。

　　A．改变转向

　　B．改变励磁绕组的接法

　　C．既改变转向又改变励磁绕组的接法

3．有一台并励直流电动机，在保持转矩不变时，如果电源电压 U 降为 $0.5U$，忽略电枢反应和磁路饱和的影响，此时转速（　　）。

　　A．不变　　　　　　　　　　B．降低到原来转速的 0.5 倍

　　C．下降　　　　　　　　　　D．无法判定

4．对于直流电动机，公式 $T = C_T \Phi I_a$ 中 Φ 指的是（　　）。

　　A．每极合成磁通　　　　　　B．所有磁极的总磁通

　　C．主磁极每极磁通　　　　　D．以上都不是

5．直流电动机在串联电阻调速过程中，若负载转矩保持不变，则（　　）保持不变。

　　A．输入功率　　　　　　　　B．输出功率

　　C．电磁功率　　　　　　　　D．效率

6．启动直流电动机时，磁路回路应（　　）电源。

　　A．与电枢回路同时接入　　　B．比电枢回路先接入　　　C．比电枢回路后接入

7．一台并励直流电动机将单叠绕组改接为单波绕组，保持其支路电流不变，电磁转矩将（　　）。

　　A．变大　　　　　　　　B．不变　　　　　　　　C．变小

8．一台串励直流电动机运行时励磁绕组突然断开，则（   ）。

A．转速升到危险的高速   B．熔丝熔断   C．上述情况都不会发生

9．直流电动机的电刷逆转向移动一个小角度，电枢反应性质为（   ）。

A．去磁与交磁   B．增磁与交磁   C．纯去磁   D．纯增磁

10．有一台他励直流发电机，额定电压为200V，6极，额定支路电流为100A，当电枢为单叠绕组时，其额定功率为（   ）；当电枢为单波绕组时，其额定功率为（   ）。

A．20W   B．40kW   C．80kW   D．120kW

11．并励直流电动机磁通增加 10%，当负载力矩不变时，不计饱和与电枢反应的影响，稳定后，下列量变化为：T_e（   ），n（   ），I_a（   ），P_2（   ）。

A．增大   B．减小   C．基本不变

12．有一台他励直流发电机，额定电压为220V，6极，额定支路电流为100A，当电枢为单叠绕组时，其额定功率为（   ）；当电枢为单波绕组时，其额定功率为（   ）。

A．22kW   B．88kW   C．132kW   D．44kW

13．并励直流电动机在运行时励磁绕组断开了，将（   ）。

A．飞车   B．停转   C．可能飞车，也可能停转

14．直流电动机的额定功率指（   ）。

A．转轴上吸收的机械功率   B．转轴上输出的机械功率

C．电枢端口吸收的电功率   D．电枢端口输出的电功率

15．欲使直流电动机顺利启动达到额定转速，要求（   ）电磁转矩大于负载转矩。

A．平均   B．瞬时   C．额定

16．负载转矩不变时，在直流电动机的励磁回路中串入电阻，稳定后，电枢电流将（   ），转速将（   ）。

A．上升，下降   B．不变，上升   C．上升，上升

（三）判断题

1．并励直流发电机转速增大 0.2 倍，则空载时发电机端电压增大 0.2 倍。   （   ）

2．直流电动机的电枢绕组并联支路数等于极数。   （   ）

3．直流电动机主磁通既连着电枢绕组又连着励磁绕组，因此这两个绕组中都存在感应电势。   （   ）

4．他励直流电动机在固有特性上弱磁调速，只要负载不变，转速就升高。   （   ）

5．直流电动机的电枢绕组至少有两条并联支路。   （   ）

6．电磁转矩和负载转矩的大小相等，则直流电动机稳定运行。   （   ）

7．他励直流电动机降低电源电压调速与减小磁通调速都可以做到无级调速。   （   ）

8．并励直流发电机稳态运行时短路电流很大。   （   ）

9．直流发电机中的电刷间感应电势和导体中的感应电势均为直流电势。   （   ）

10．启动直流电动机时，励磁回路应与电枢回路同时接入电源。   （   ）

11．直流电动机的额定功率指转轴上吸收的机械功率。   （   ）

12．直流电动机无电刷一样可以工作。   （   ）

13．直流电动机的转子转向不可改变。   （   ）

14．同一台直流电动机既可作为发电机运行，也可作为电动机运行。   （   ）

15. 并励直流电动机不可轻载运行。 （ ）

（四）简答题

1. 与交流电动机相比，直流电动机有什么优点？

2. 在直流电动机中换向器和电刷的作用是什么？

3. 直流电动机的工作原理是什么？

4. 什么是直流电动机的调速？

5. 直流电动机的调速方法可分为哪几种？

6. 直流电动机的机械特性方程式是什么？

7. 直流电动机的三种调速方法分别有什么特点？

8. 直流电动机三种调速方法的调速性能有什么区别？

9. 同步电动机的工作原理是什么？

10. 什么是同步电动机的失步？失步的原因是什么？

11. 同步电动机为什么不能自行启动？一般采用什么方法启动？

12. 采用异步启动法启动同步电动机时，为什么其励磁绕组要通过电阻短路？

二、项目评价

1. 项目评价标准（表 6-8）

表 6-8 项目评价标准

项 目 检 测		分值	评 分 标 准	学生自评	教师评估	项目总评
任务知识和技能内容	直流电动机的认知	10	（1）了解交流电动机和直流电动机的区别（5分） （2）了解异步与同步的区别（5分）			
	直流电动机的结构	10	（1）了解定子铁芯和定子绕组（4） （2）了解转子铁芯和转子绕组（3分） （3）了解直流电动机的三大部分（3分）			
	直流电动机的工作原理	10	（1）了解直流电动机的电刷（4分） （2）了解直流电动机的换向器（4分） （3）了解直流电动机中换向器的作用（2分）			
	直流电动机的调速原理	10	（1）会解释直流电动机的调速原理（5分） （2）了解直流电动机的调速原理分类（5分）			
	同步电动机的工作原理	10	（1）了解同步电动机的分类（6分） （2）了解同步电动机的工作原理（4分）			
	同步电动机的启动	10	（1）能理解同步电动机的工作原理（5分） （2）能解释同步电动机的失步现象（5分）			
	直流电动机的结构和拆卸	10	（1）了解直流电动机的结构（5分） （2）了解直流电动机的拆卸、组装（5分）			

项目检测		分值	评分标准	学生 自评	教师 评估	项目 总评
任务知识和技能内容	直流电动机的故障判断和检修	20	（1）根据故障能正确做出判断（10分） （2）根据故障能正确指出修理方法（10分）			
	同步电动机的拆装	10	（1）了解同步电动机的拆卸步骤（5分） （2）了解同步电动机的组装要点（5分）			

2. 技能训练与测试

（1）练习常用直流电动机的拆装。

（2）练习直流电动机的故障判断和检修。

（3）练习同步电动机的拆装。

技能训练评估表见表6-9。

表6-9　技能训练评估表

项　目	完成质量与成绩
直流电动机的拆装	
直流电动机的故障判断和检修	
直流电动机的维护	
同步电动机的拆装	

三、项目小结

（1）直流电动机调速性能好，启动、制动和过载转矩大，易于控制，能实现频繁快速启动、制动和正反转，能在较宽的范围内进行平滑的无级调速。

（2）直流电动机的工作原理：直流电动机在外加电压的作用下，在导体中形成电流，载流导体在磁场中受到电磁力的作用开始旋转，由于换向器的换向作用，导体进入异性磁极时，导体中的电流方向相应发生改变，电磁转矩的方向不变，使直流电动机持续运转，把直流电能转换为机械能输出。

（3）直流电动机的调速是指在机械负载不变的条件下，改变机械特性，从而改变转速。

（4）直流电动机有三种调速方法，即电枢回路电阻改变法、电枢电压改变法及励磁磁通改变法。

（5）同步电动机的工作原理：三相交流电流通过定子三相绕组时，产生旋转磁场，转子绕组中通入直流电流后产生极性固定不变的磁极，磁极的对数必须与旋转磁场的磁极对数相等，当转子上的 N 极与旋转磁场的 S 极对齐时（转子的 S 极则与旋转磁场的 N 极对齐），靠异性磁极之间的互相吸引，转子就会跟着旋转磁场转动。

（6）同步电动机的特点是负载在一定范围内变化时，转速不变。

（7）同步电动机在使用时不仅要给定子的三相绕组通以三相交流电流，还要给转子通以直流电流。

（8）转子磁场与定子磁场不同步时，同步力矩就不存在了，直流电动机就会慢慢停下来，这种转子磁场与定子磁场不同步，造成同步力矩消失、转子慢慢停下来的现象，称为失步现象。

（9）同步电动机没有启动力矩，不采取其他措施，是不能自行启动的。

（10）同步电动机启动方法有辅助电动机启动法、调频启动法、异步启动法等。

（11）直流电动机由定子、转子、换向器、机座、电刷等组成。

（12）可以通过改变参数或外加电压等方法，来改变直流电动机的机械特性，从而改变直流电动机的转速。

（13）直流电动机的维护主要包括换向器表面处理、电刷的维护及电刷中性线位置的调整，这是直流电动机正常运行的基本保障。

特种电动机与发电机的认知

知识目标

（1）了解步进电动机的工作原理。

（2）了解测速发电机的工作原理。

（3）了解永磁电动机的工作原理。

（4）了解直线电动机的工作原理。

（5）了解超声波电动机的工作原理。

技能目标

（1）步进电动机的结构与拆装。

（2）测速发电机的结构与拆装。

（3）永磁电动机的结构与拆装。

（4）直线电动机的结构与拆装。

（5）超声波电动机的结构与拆装。

特种电动机是指具有某种特殊功能和作用的电动机。特种电动机除了在某些特殊场合作为动力源，大多数在自动控制系统和计算装置中用于检测、放大、执行、运算等，因此也称控制电动机。特种电动机的功率、体积和质量一般都较小，但制造精度高，运行可靠，动作迅速、准确。

特种电动机的种类很多，本项目仅介绍几种常用的特种电动机。

基本知识

一、步进电动机的工作原理

步进电动机本质上是一种磁阻同步电动机或永磁同步电动机。

步进电动机是一种将电脉冲信号转换成角位移或线位移的控制电动机，其运行特点是每输入一个电脉冲信号，就转动一个角度或前进一步。由于电源输入是一种电脉冲（脉冲电压），步进电动机接收一个电脉冲就相应地转过一个固定角度，所以步进电动机又称脉冲电动机。

步进电动机在数控机床、绘图机、自动记录仪表、数模转换和自动控制系统中应用广泛。步进电动机的种类很多，常见的有反应式步进电动机、永磁式步进电动机和混合式步进电动机三种。反应式步进电动机结构如图 7-1 所示。永磁式步进电动机结构如图 7-2 所示。混合式步进电动机结构如图 7-3 所示。目前应用较多的是三相反应式步进电动机和小步距角步进电动机。

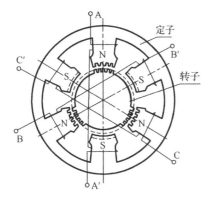

图 7-1　反应式步进电动机结构

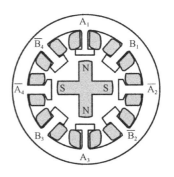

图 7-2　永磁式步进电动机结构

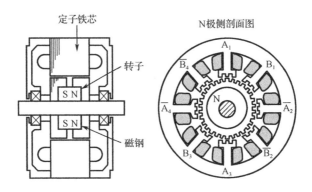

图 7-3　混合式步进电动机结构

1. 三相反应式步进电动机的工作原理

如图 7-4 所示是三相反应式步进电动机原理图。其转子、定子是用硅钢片或其他软磁性材料制造的。定子上有 6 个磁极，每两个位置相对的磁极上面绕有一相绕组，共有三相绕组，该三相绕组称为控制绕组，由专用的驱动电源供电。转子上有 4 个齿，齿宽等于定子极靴宽。转子上没有绕组。

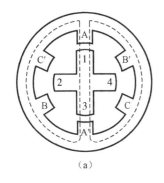
（a）

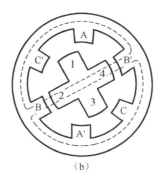
（b）

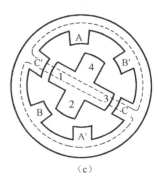
（c）

图 7-4　三相反应式步进电动机原理图

当 A 相绕组通电时，由于磁力线力图通过磁阻最小的路径，转子将受到磁阻转矩作用，必然转到使其磁极轴线与定子极轴线对齐，使磁力线通过磁阻最小的路径。此时两轴线间夹角为零，磁阻转矩为零。即转子 1、3 磁极轴线与 A 相绕组轴线重合，这时转子停止转动，其位置如图 7-4（a）所示。A 相断电、B 相通电时，根据同样的原理，转子将按逆时针方向转过30°，使得转子 2、4 磁极轴线与 B 相绕组轴线重合，如图 7-4（b）所示。同样，B 相断电、C 相通电时，转子再按逆时针方向转过30°，使转子 1、3 磁极轴线与 C 相绕组轴线重合，如图 7-4（c）所示。

若按 A－B－C 顺序轮流给三相绕组通电，转子就逆时针一步一步地转动；若按 A－C－B 顺序通电，转子就按顺时针方向一步一步地转动。因此，步进电动机运动的方向取决于控制绕组通电的顺序，而转子转动的速度取决于控制绕组通断电的频率。显然，变换通电状态的频率（即电脉冲的频率）越高，转子转得越快。

通常把由一种通电状态转换到另一种通电状态叫作一拍，每一拍转子转过的角度叫作步距。上述运行方式称为三相单三拍，三相是指定子为三相绕组，单是指每拍只有一相绕组通电，三拍是指经过三次切换绕组的通电状态为一个循环。

三相步进电动机除三相单三拍运行方式外，还有三相双三拍、三相单双六拍运行方式。

如果 A、B 两相同时通电，转子 1、4 磁极轴线与 A、B 两相之间的轴线相重合，即按 AB－BC－CA 的顺序两相同时通电，则称为三相双三拍运行方式，如图 7-5 所示。

（a）AB通电　　　　　　　（b）BC通电　　　　　　　（c）CA通电

图 7-5　三相双三拍运行方式

如果按 A－AB－B－BC－C－CA 的顺序通电，则称为三相单双六拍运行方式，如图 7-6 所示。

（a）AB通电　　　　　　　（b）B通电　　　　　　　（c）BC通电

图 7-6　三相单双六拍运行方式

2. 小步距角步进电动机的工作原理

三相反应式步进电动机的步距角太大，通常不能满足生产中小位移的要求，下面介绍另一种常见的小步距角步进电动机，如图 7-7 所示。

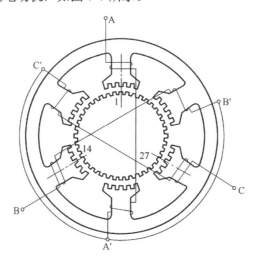

图 7-7　小步距角步进电动机

定子仍然为三对磁极，每相一对，每个定子磁极的极靴上各有 5 个小齿，转子圆周上均匀分布着 40 个小齿，转子的齿距等于 360°/40=9°，齿宽、齿槽各 4.5°。为使转子、定子的齿对齐，定子磁极上小齿的齿宽和齿槽与转子相同。

假设是单三拍运行方式。

（1）A 相通电时，定子 A 相的 5 个小齿和转子对齐。此时，B 相和 A 相差 120°，A 相和 C 相差 240°，所以，A 相的转子、定子的 5 个小齿对齐时，B 相、C 相不能对齐，B 相的转子、定子相差 3°，C 相的转子、定子相差 6°。

（2）A 相断电、B 相通电后，转子只需要转过 3°，使 B 相转子、定子对齐。同理，C 相通电再转 3°。

若运行方式改为三相六拍，则每通一个电脉冲，转子只转 1.5°。

由三相反应式步进电动机的工作原理可知，每改变 1 次定子绕组的通电状态，转子就转过 1 个步距角 θ_S，若转子齿数为 Z_R，则步距角 θ_S 的大小与转子齿数 Z_R 和拍数 N 的关系为

$$\theta_S = \frac{360°}{Z_R N} \tag{8-1}$$

若脉冲电源的频率为 f，则步进电动机转速为

$$n = \frac{60f}{Z_R N} \tag{8-2}$$

根据式（8-2），步进电动机转速由脉冲电源频率 f、拍数 N、转子齿数 Z_R 决定，与电源电压、绕组电阻及负载无关，所以步进电动机抗干扰能力很强。

由式（8-2）可以看出，步进电动机的转速与脉冲电源频率保持着严格的比例关系。在恒定脉冲电源作用下，步进电动机可作为同步电动机使用，也可在脉冲电源控制下很方便地实

现速度调节，从而进行精确的角度控制。

二、测速发电机的工作原理

测速发电机是一种把输入的转速信号转换成输出的电压信号的机电式信号元件，它可以作为测速、计算和阻尼元件，广泛应用于各种自动控制系统。在实际应用中，要求测速发电机的输出电压必须精确地与其转速成正比。

测速发电机可分为两大类，一类是直流测速发电机，另一类是交流测速发电机。直流测速发电机具有输出电压斜率大、没有剩余电压、没有相位误差、温度补偿容易实现等优点；而交流测速发电机的主要优点是不需要电刷和换向器、不产生无线电干扰火花、转动惯量小、结构简单、运行可靠，在生活中应用广泛。

交流测速发电机分为同步测速发电机和异步测速发电机。同步测速发电机输出电压的幅值和频率均随转速的变化而变化，因此一般只用作指示式转速计，很少用于自动控制系统的转速测量。异步测速发电机输出电压的频率和励磁电压的频率相同，其输出电压与转速成正比。根据转子的结构形式，异步测速发电机又可分为笼型转子异步测速发电机和杯型转子异步测速发电机，前者结构简单，输出特性斜率大，但特性差，误差大，转子惯量大，一般仅用于精度要求不高的系统中；后者转子采用非磁性空心杯，转子惯量小，精度高，是目前应用最广泛的一种交流测速发电机。这里主要介绍杯型转子异步测速发电机。

杯型转子异步测速发电机的基本工作原理：当测速发电机的转子静止时，获得单相交流电源的励磁绕组产生单相脉动磁通。由于输出绕组与磁通的轴线互相垂直，因此无感应电动势，输出电压为零。转子旋转之后，杯型转子切割磁通，从而产生电动势和电流。由于非磁性杯型转子电阻较大，使得转子电流所产生的磁通比励磁绕组产生的磁通滞后 $90°$，而与输出绕组的轴线相重合，因此可以在输出绕组中产生感应电动势。输出电压的大小与转子转速成正比，转子反转时，输出电压的相位也相反，如图 7-8 所示。

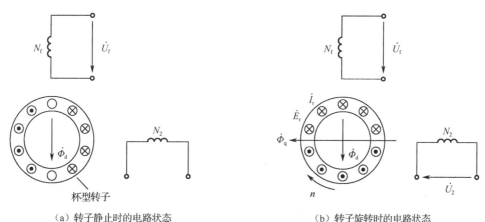

（a）转子静止时的电路状态　　　　　　　（b）转子旋转时的电路状态

图 7-8　杯型转子异步测速发电机原理图

三、永磁电动机的工作原理

永磁电动机用永磁材料（永磁体）取代了普通电动机的主磁极和励磁绕组。

永磁电动机的励磁部分是永磁体,永磁体主要由磁钢和导磁体组成,磁钢采用铝镍钴、铁氧体和稀土三类永磁材料。不同永磁体决定了永磁电动机不同的结构、性能、成本和适用场合。

永磁电动机种类很多,其中广泛应用的是永磁直流无刷电动机。永磁直流无刷电动机既具有直流电动机的调速、启动特性好,旋转力矩大等优点,又具有交流电动机的结构简单、运行可靠、维护方便等优点,常作为一般直流电动机、伺服电动机和力矩电动机等使用,广泛应用于各种驱动装置、伺服系统,以及航空航天、数控装置、医疗化工等高新技术领域。

永磁直流无刷电动机原理图如图 7-9 所示。永磁直流无刷电动机的转子转到不同的位置,转子位置传感器不断发出信号,通过控制电路逻辑变换后,每次同时触发两个开关元件导通,其导通的顺序为 T1、T6→T1、T2→T3、T2→T3、T4→T5、T4→T5、T6→T1、T6,共有 6 种触发组合状态,每个状态中都有两相定子绕组有电流流过,使定子产生按 60° 电角度不断旋转的磁极,带动转子顺时针转过 60° 电角度,这样周而复始,进入正常的运行状态,带动负载工作,输出机械能。

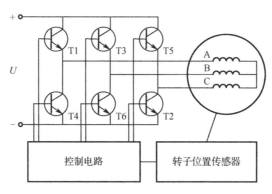

图 7-9　永磁直流无刷电动机原理图

四、直线电动机的工作原理

直线电动机是一种直接将电能转换成直线运动机械能的传动装置。直线电动机不需要任何中间转换装置而直接产生推力,简化了整个装置或系统,噪声很小或无噪声,运行环境好,广泛应用于工业、民用、军事等领域。

直线电动机在结构上是由旋转电动机演变而来的,其工作原理也与旋转电动机相似。定子绕组与交流电源相连接,通以多相交流电后,在气隙中产生一个平稳的行波磁场(当旋转半径很大时,就成了直线运动的行波磁场),该磁场沿气隙做直线运动,同时在动子导体中感应出电动势,并产生电流。这个电流与行波磁场相互作用产生异步推动力,使动子沿行波方向做直线运动,如图 7-10 所示。

旋转电动机通过对换任意两相的电源线,

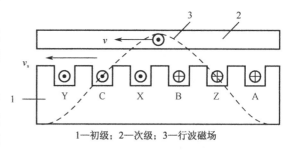

1—初级;2—次级;3—行波磁场

图 7-10　直线电动机的工作原理

可以实现反向旋转。若把直线电动机定子绕组中的电源相序改变一下，则行波磁场的移动方向也会反过来，这样可使直线电动机做往复直线运动。

五、超声波电动机的工作原理

超声波电动机是一种非电磁性电动机。它利用压电材料的逆压电效应，把电能转换为弹性体的超声振动，并通过摩擦传动的方式转换成运动体的回转或直线运动。它具有结构简单、转速低、转矩大等特点，在机器人、自动测控仪器仪表、航天航空等领域应用广泛。

超声波电动机的工作原理如图 7-11 所示。在极化的压电晶体上施加超声波频率的交流电，压电晶体随着高频电压的幅值变化而膨胀或收缩，从而在定子弹性体内激发出超声波振动，这种振动传递给与定子紧密接触的摩擦材料以驱动转子旋转。当对粘接在金属弹性体上的两片压电陶瓷施加相位差为 90° 电角度的高频电压时，在弹性体内产生两组驻波，这两组驻波合成一个沿定子弹性体圆周方向行进的行波，使得定子表面的质点形成一定运动轨迹（通常为椭圆轨迹）的超声波微观振动，其振幅一般为数微米。这种微观振动通过定子（振动体）和转子（移动体）之间的摩擦作用，使转子（移动体）沿某一方向（逆行波传播方向）做连续宏观运动。在特定时间内，弹性体的一定部位与动子相接触，动子依靠摩擦力随弹性体运动；而在其余时间，动子与弹性体脱离，动子依靠本身或者其他接触来运动。

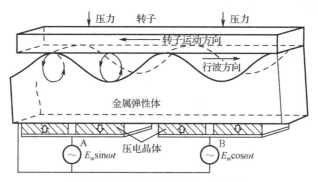

图 7-11　超声波电动机的工作原理

 基本技能

一、步进电动机的结构与拆装

步进电动机种类很多，反应式步进电动机是应用最广泛的一种，其优点是力矩惯性比高，频率响应快，机械结构简单。下面以反应式步进电动机为例进行介绍。

（一）反应式步进电动机的结构

从外部看，反应式步进电动机由转子、定子、转轴、滚珠轴承、端盖等组成，如图 7-12 所示。

反应式步进电动机的内部结构主要由定子和转子组成，如图 7-13 所示。定子上嵌有几组控制绕组，每组绕组为一相，至少要有三相，否则不能形成启动力矩，绕组形式为集中绕组，称为控制绕组，嵌在定子的大极上，每个大极上有多个梳状小齿。转子无绕组，仅为硅钢片或软磁材料叠成的铁芯，转子上也冲有小齿，定子、转子齿距相等，形状相似，定子、转子的齿数要适当配合。即要求在 A 相的一对极下定子、转子齿一一对齐时，B 相的一对极下定子、转子齿错开 1/3 齿距，C 相的一对极下定子、转子齿错开 2/3 齿距。

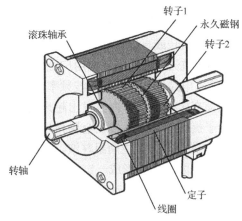

图 7-12　反应式步进电动机的外部结构

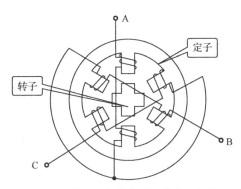

图 7-13　反应式步进电动机的内部结构

（二）反应式步进电动机的拆装

1. 拆装前的准备

（1）电工工具：验电笔、一字和十字螺钉旋具、钢丝钳、尖嘴钳、斜口钳、剥线钳、电工刀等。

（2）仪表：万用表、电流表、兆欧表、转速表。

（3）反应式步进电动机 1 台，如图 7-14 所示。

（4）安装、接线的专用工具。

（5）配电板、软塑料铜线、低压断路器等。

（6）黑色绝缘胶布、演草纸、圆珠笔、螺钉、垫圈、劳保用品等，按需而定。

2. 拆卸

（1）断开电源，拆卸电源连接线，并对电源线头做好绝缘处理。

（2）拆卸前端盖螺钉，如图 7-15 所示。

将前端盖的 4 只螺钉拆卸下来。

图 7-14　反应式步进电动机

图 7-15　拆卸前端盖螺钉

（3）取出前端盖，如图 7-16 所示。

待螺钉取下后，顺着转轴方向将前端盖拔出来。在前端盖与轴承的分离过程中，轴承簧垫可能会掉下来，注意将它妥善保管好。

（4）拆卸转子，如图 7-17 所示。

待前端盖拆卸后，取出转子，因转子是永磁铁芯，所以在拔取过程中应注意用力的方向。

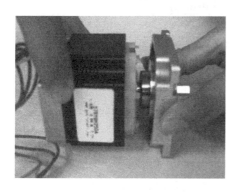

图 7-16　取出前端盖

图 7-17　拆卸转子

（5）拆卸后端盖，如图 7-18 所示。

待前端盖和转子拆卸后，就只剩定子和后端盖了。用手轻摇后端盖便可将定子和后端盖分离出来。各相间为了保持一定的错位，每相定子铁芯上都有定位标记和定位装置。要特别注意，以免破坏定位标记和定位装置。

（6）拆卸完毕清点部件，如图 7-19 所示。

拆卸完毕，将各部件摆放整齐并进行清点。

图 7-18　拆卸后端盖

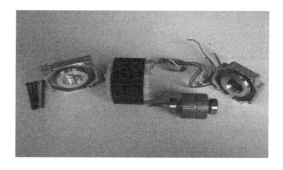

图 7-19　拆卸完毕清点部件

（7）研究定子结构，如图 7-20 所示。

认真观察定子，留意其绕组和铁芯的结构，并清点定子铁芯磁极个数。

（8）研究转子结构，如图 7-21 所示。

认真观察转子，清点铁芯磁极个数，结合定子铁芯磁极个数，分析其结构特点。

（9）研究端盖结构，如图 7-22 所示。

端盖的机械工艺要求很高，因为它直接影响转轴同心度和间隙。在观察过程中应注意保持端盖的洁净度。

图 7-20　研究定子结构

图 7-21　研究转子结构

（三）装配

（1）拆卸完成后，要对轴承等零件进行清洗，并放整齐。

（2）按拆卸的相反步骤，并按照规定的标记进行装配。

（3）安装过程中应小心，应尽可能恢复原状，切勿碰伤机械和电气部分。

（4）重新安装好后，首先要对转轴的灵活性进行检验，方法很简单，用手旋转转轴看转动是否灵活，如图 7-23 所示。

图 7-22　研究端盖结构

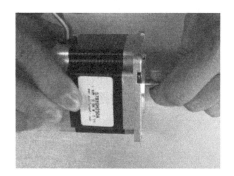

图 7-23　转轴灵活性检验

（5）安装好后应对绕组的完好性进行检测，分别测量两相绕组的直流电阻值，如图 7-24 所示。

（6）用万用表测量两相绕组各自对外壳的绝缘电阻值，以确保绝缘正常，如图 7-25 所示。

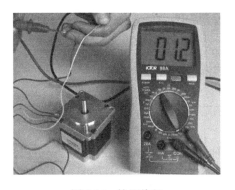

图 7-24　检测绕组

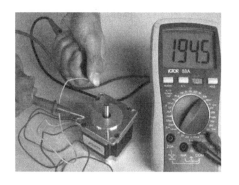

图 7-25　测量两相绕组各自对外壳的绝缘电阻值

二、测速发电机的结构与拆装

1. 杯型转子异步测速发电机的结构

测速发电机的类型很多，这里介绍应用广泛的杯型转子异步测速发电机。

杯型转子异步测速发电机结构如图 7-26 所示。

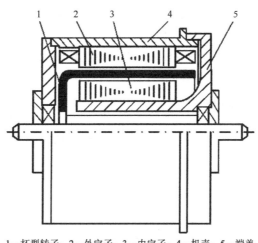

1—杯型转子；2—外定子；3—内定子；4—机壳；5—端盖

图 7-26　杯型转子异步测速发电机结构

杯型转子异步测速发电机的定子上放置着彼此相差 90°电角度的两相绕组，一个是励磁绕组，另一个是输出绕组。转子是一个薄壁非磁性杯，一般壁厚为 0.2～0.3mm，通常用高电阻率的硅锰青铜制成。杯的内外由内定子和外定子构成磁路。对于机座外壳直径小于 28mm 的杯型转子异步测速发电机，两个绕组均放在内定子上。外定子是一个无槽的铁芯。对于机座外壳直径等于或大于 36mm 的杯型转子异步测速发电机，常把励磁绕组放在外定子上，把输出绕组放在内定子上，在内定子上装有可转动的调节装置，通过调节内、外定子的相对位置，可以使剩余电压最小。

2. 杯型转子异步测速发电机的拆装

其结构与直流电动机相同，拆装方式可参考直流电动机的拆装。

拆装注意事项：

（1）励磁电源的内阻抗应该尽量小一些。励磁电源与杯型转子异步测速发电机之间的连接导线不宜太长。

（2）如果装配中紧固螺钉紧固不牢，导致内、外定子相对位置变化，使剩余电压增大，须重新紧固松动的螺钉。

（3）如果装配时接线标志混乱或使用中接线错误，导致输出电压相位倒相和剩余电压与出厂要求不符，须改变接线。

（4）杯型转子异步测速发电机是一种无接触式交流发电机，通常不用特殊维护。对于因内、外定子相对位置改变而引起剩余电压增大，须送制造厂调整。

（5）应正确处理输出斜率与短路输出阻抗间的关系。

（6）杯型转子异步测速发电机在出厂前都经过严格调试，以使其剩余电压（零速输出电压）达到要求，调试后用红色磁漆将紧固螺钉点封，使用中严禁拆卸，否则剩余电压将急剧增大以至无法使用。

（7）使用中应注意保证发电机和驱动它的伺服电动机之间连接的高同心度和无间隙传动。应按照各品种规定的安装方式安装，安装中应使各部分受力均匀。

（8）杯型转子异步测速发电机可以在超过它的最大线性工作转速 1 倍左右的转速下工作，但应注意，随着工作转速范围的扩大，其线性误差、相位误差都将增大。

（9）使用中应严格按照规定的接线标志接线，低电位端应与机壳共同接地。

（10）应在规定的环境条件下使用。

三、永磁电动机的结构与拆装

永磁电动机的类型很多，这里主要介绍应用广泛的永磁直流无刷电动机。

1. 永磁直流无刷电动机的基本结构

永磁直流无刷电动机主要由永磁直流无刷电动机本体（定子和转子）、转子位置传感器和驱动电路组成，如图 7-27 所示。

（1）永磁直流无刷电动机本体是实现机电能量转换的部件，由定子和转子两部分组成，如图 7-28 所示。

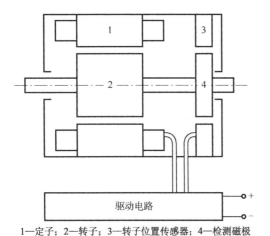

1—定子；2—转子；3—转子位置传感器；4—检测磁极

图 7-27　永磁直流无刷电动机基本结构

图 7-28　定子和转子

（2）转子位置传感器主要检测转子所处的位置，以便确定驱动电路中开关元件的导通顺序和导通角，从而决定电枢磁场的状态。

（3）驱动电路主要是由开关元件组成的逆变电路。驱动电路对转子位置传感器检测到的转子位置信号进行处理，按一定的逻辑关系输出，去触发功率开关管。它的输出频率不是独立调节的，而是受控于转子位置检测信号。

2. 永磁直流无刷电动机的拆装

永磁直流无刷电动机的结构与励磁直流电动机相同，只是用永磁材料（永磁体）取代了主磁极和励磁绕组。具体拆装方法可参考励磁直流电动机的拆装方法。

关于永磁体的装配需要注意以下几点。

（1）永磁体装配必须在干净整洁的场所进行，尤其要避免工作台上有铁屑等磁性材料、杂物，以免影响装配质量和性能。

（2）充好磁的永磁体由于磁性强，易破碎，因而在装配时要小心，尽可能恢复原状，切勿碰伤机械和电气部分。

（3）压装时，工件底部应垫有橡皮垫隔磁，易于工件的取放；与磁体部位接触的部件应采用非磁性材料，以免被磁性很强的磁体吸附，造成磁体破损。压装时的压力大小要根据磁体的大小来决定，不能过大或过小。

（4）永磁体与转子磁体槽的装配公差是非常重要的，在充磁方向，永磁体与槽气隙过大，将使永磁体利用率降低，直接影响性能；二者配合太紧，永磁体不易插入槽内，易破碎。

（5）待重新安装好后，用手旋转转轴看转动是否灵活。值得注意的是，因转子是永磁体，所以在转动时力度要稍大些。

四、直线电动机的结构与拆装

（一）直线电动机的基本结构

直线电动机根据需要可制成扁平型、圆筒型（管型）、圆盘型等不同结构。

1. 扁平型直线电动机

扁平型直线电动机是目前应用最广泛的直线电动机。它可看作将一台旋转电动机沿径向剖开，然后将圆周展成直线，如图7-29所示。

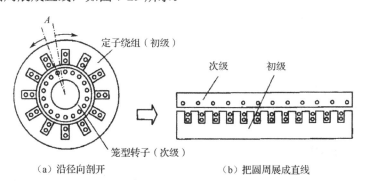

（a）沿径向剖开　　　　　　　（b）把圆周展成直线

图7-29　由旋转电动机演变为扁平型直线电动机的过程

扁平型直线电动机分为单边扁平型和双边扁平型，如图7-30和图7-31所示。

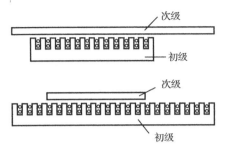

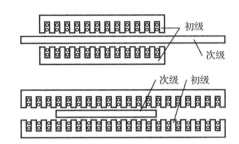

图 7-30　单边扁平型直线电动机　　　　　　图 7-31　双边扁平型直线电动机

2. 圆筒型直线电动机

将扁平型直线电动机沿着和直线运动相垂直的方向卷成筒状，就形成了圆筒型直线电动机，其演变的过程如图 7-32 所示。

3. 弧型直线电动机

所谓弧型结构，就是将扁平型直线电动机的初级沿运动方向改成圆弧形，并安放于圆柱形次级的柱面外侧，如图 7-33 所示。

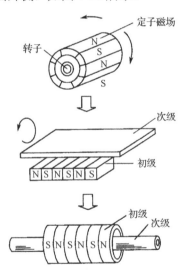

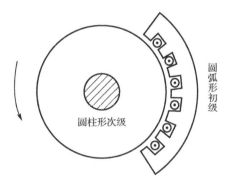

图 7-32　扁平型直线电动机演变为圆筒型直线电动机的过程　　　图 7-33　弧型直线电动机

4. 圆盘型直线电动机

把次级做成一片圆盘（铜、铝，或铜、铝与铁复合），将初级放在次级圆盘靠近外缘的平面上，就形成了圆盘型直线电动机，如图 7-34 所示。

（二）直线电动机的拆装

直线电动机本质上是一种旋转电动机，具体拆装方法可参考单相交流异步电动机的拆装。

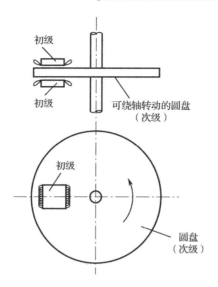

图 7-34 圆盘型直线电动机

五、超声波电动机的结构与拆装

1. 超声波电动机的结构

超声波电动机由定子（振动体）和转子（移动体）两部分组成，定子是由压电陶瓷、弹性体（或热运动片）、电极构成的，转子为一块金属板，两者均带有压紧用部件，加压于压电上时，定子和转子在压力作用下紧密接触，如图 7-35 所示。

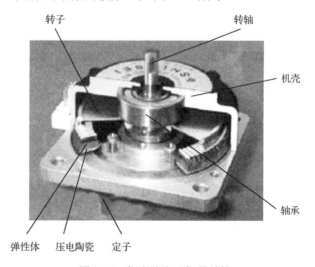

图 7-35 超声波电动机的结构

2. 超声波电动机的拆装

超声波电动机是一种小型电动机，拆装方法可参考步进电动机的拆装。

关于压电陶瓷的安装需要注意以下几点。

（1）为避免短路，勿在上下表面直接加金属片，应在金属片表面加上绝缘垫片或在陶瓷表面与金属片间加上绝缘垫片。

（2）环氧树脂胶非常适合于压电陶瓷与其他表面的粘接。为避免陶瓷的性能受损，安装过程中应避免机械夹持及胶水流到侧面。

（3）压电陶瓷只能承受轴向力，不能承受剪切力、侧向力以及扭转力，力应该作用于整个表面，确保力均匀分布，避免点受力。

（4）压电陶瓷的四周应尽量不受夹持力。

（5）在安装和使用过程中应尽量避免造成陶瓷损坏。

项目评价

一、思考与练习

1．如何控制步进电动机输出的角位移或线位移量、转速或线速度？

2．步进电动机为什么又称脉冲电动机？

3．步进电动机的工作原理是什么？

4．应用最多的步进电动机是哪种？

5．为什么步进电动机抗干扰能力很强？

6．为什么步进电动机可作为同步电动机使用？

7．测速发电机的工作原理是什么？

8．测速发电机有哪几类？

9．杯型转子异步测速发电机的工作原理是什么？

10．永磁电动机的工作原理是什么？

11．永磁电动机与普通电动机有什么区别？

12．直线电动机的工作原理是什么？

13．直线电动机为什么可以做往复的直线运动？

14．超声波电动机的工作原理是什么？

15．步进电动机有什么特点？

16．杯型转子异步测速发电机包括哪几部分？

17．测速发电机的拆装需要注意哪些事项？

18．永磁直流无刷电动机的基本结构是什么？

19．永磁直流无刷电动机中，关于磁体的装配需要注意哪些事项？

20．简述直线电动机的主要结构。

21．直线电动机有哪些优点？又有哪些缺点？

22．直线电动机可分为哪几种？它们各有什么特点？

23．直线电动机有哪些主要用途？试举例说明。

24．超声波电动机有哪些优点？

25．试比较超声波电动机与电磁式电动机。

26．举例说明超声波电动机的应用。

二、项目评价

1. 项目评价标准（表7-1）

表 7-1　项目评价标准

项 目 检 测		分值	评 分 标 准	学生自评	教师评估	项目总评
任务知识和技能内容	步进电动机的工作原理	10	（1）理解步进电动机的工作原理（5分） （2）了解步进电动机的分类（5分）			
	测速发电机的工作原理	10	（1）理解测速发电机的工作原理（5分） （2）理解同步交流测速发电机和异步交流测速发电机的区别（5分）			
	永磁电动机的工作原理	10	（1）理解永磁电动机的工作原理（5分） （2）理解永磁直流无刷电动机的特点（5分）			
	直线电动机的工作原理	10	（1）理解直线电动机的工作原理（7分） （2）了解直流电动机的优点（3分）			
	超声波电动机的工作原理	10	（1）理解超声波电动机的工作原理（6分） （2）了解超声波电动机的应用范围（4分）			
	步进电动机的结构与拆装	10	（1）理解步进电动机的结构（5分） （2）能根据步进电动机的结构进行拆装（5分）			
	测速发电机的结构与拆装	10	（1）理解测速发电机的结构（5分） （2）能根据测速发电机的结构进行拆装（5分）			
	永磁电动机的结构与拆装	10	（1）理解永磁电动机的结构（5分） （2）了解永磁电动机永磁体装配注意事项（5分）			
	直线电动机的结构与拆装	10	（1）理解直线电动机的结构（5分） （2）了解直线电动机的特点（5分）			
	超声波电动机的结构与拆装	10	（1）理解超声波电动机的结构（5分） （2）了解压电陶瓷安装注意事项（5分）			

2. 技能训练与测试

（1）了解特种电动机的结构。

（2）能根据特种电动机的结构进行拆卸和装配。

（3）了解特种电动机的安装注意事项。

技能训练评估表见表7-2。

表 7-2　技能训练评估表

项　　目	完成质量与成绩
拆卸	
装配	
装配注意事项	

三、项目小结

（1）步进电动机是一种将电脉冲信号转换成角位移或线位移的控制电动机。其运行特点是每输入一个电脉冲信号，就转动一个角度或前进一步。如果连续输入脉冲信号，它就像走路一样，一步接一步，转过一个角度又一个角度。因此，步进电动机又称脉冲电动机。

（2）测速发电机是测量转速的信号元件，它能把转速信号转变为相应的电压信号，要求输出电压必须精确地与其转速成正比。

（3）测速发电机可分为两大类，一类是交流测速发电机，另一类是直流测速发电机。

（4）永磁电动机按用途可分为永磁直流发电机和永磁直流电动机，目前主要用作测速发电机。

（5）直线电动机将电能直接转换成直线运动机械能，而不用任何中间转换机构。

（6）超声波电动机以超声波振动为动力源，通过接触摩擦转换能量，形成旋转或位移输出，具有结构简单、转速低、转矩大等特点。